# われわれはどこから来たのか、
# われわれは何者か、
# われわれはどこへ行くのか

## 生物としての人間の歴史

帯刀益夫

ハヤカワ新書
juice
013

目次

# まえがき

「われわれはどこから来たのか、われわれは何者か、われわれはどこへ行くのか」

最近日本で初めて公開されたゴーギャンのこの絵を前にすると、その壮大さに圧倒されます。鮮やかでありつつも深みのある色合いから、人間と自然の見事な調和がもたらす安寧を感じることができますし、中央奥にそっと描かれた女性像からはこの作品が描かれる少し前に若くして亡くなった最愛の娘アリーヌに対する鎮魂を読み取ることができます。また、この静寂さの中に、野生と文明のはざまで引き裂かれたゴーギャンの魂の呼び声が聞こえてくるようにも思えるのです。

ゴーギャンは三五歳のときに、それまでの成功した株式仲買人としての安定した生活を突然なげうって、画家の道へと転身します。そして、四五歳のときにタヒチに旅人として渡り、野蛮化された文明人として生活し、最後に自分を野蛮人そのものに改造して生活しようとしたのです。しかし、画家としては「野蛮な芸術」に成功したものの、人間としては「野蛮人」になりきれずに、この矛盾の中に五四歳で悲劇的な死を迎えることになったのです。この作品は、ゴーギャンが絶望の果てに自殺を企てて失敗した一八九七年に完成されたものです。

友人への手紙の中で、「死ぬ前に、自分の頭の中にあった一つの大作を描き上げようと全エネルギーを注入した」と述べており、彼の遺言ともいえる作品です。

この絵と出会った人々は、何よりも、彼がどうしてこの作品に「われわれはどこから来たのか、われわれは何者か、われわれはどこへ行くのか」という哲学的な題名を付けたのかに思いを致すことになります。彼はこの作品について、「絵の本質的な部分を言葉にすることはできない」と言いつつも、「私は福音書にも比肩しうるこの主題に即して、一つの哲学的な作品を仕上げた」とも述べていますが、私たちは、この絵の中にその回答を簡単に見出すことは難しく、彼の問いかけは、いつまでも私たちの中に謎のまま残り、これを反芻することになるのであり、そこにこそゴーギャンは生き続けているともいえるのです。

思えば、彼のこの問いかけは、古代から人間が自らに問う最も根源的な問いかけであり、ギリシア時代から今日に至るまで、主要な「哲学的命題」であったといえます。

たとえば、「自然に帰れ」という言葉でもよく知られているジャン・ジャック・ルソーは、一七五四年の『人間不平等起源論』の中で、「人間そのものの知識は、人間のすべての知識のうちでもっと役立つはずのものであるが、最も進歩が遅く、それは、哲学が提起する最も興味深い問題であるにもかかわらず、解決が最も困難な問題」であるとし、「自然が創造した人間の本来の姿はどのようなものだったか」を知ることが大切だと述べています。

その後も、人類の歴史とともに時代時代の人間像が創造され、また創造された人間像によって自ら呪縛を受けることになり、そのたびにそれからの解放が叫ばれてきました。ゴーギャンが去ってからおよそ一〇〇年が経ちましたが、現代のわれわれはどのような人間像を持っているのでしょうか?

科学の進歩、とくに自然科学の進歩は人間の生活に恩恵をもたらすとともに、自身のとらえ方についても新たな見方をもたらします。とくに、この半世紀の間の生命科学研究の急激な進歩は、二一世紀初頭のヒトゲノムの解読という偉業とともに、人間に対するとらえ方にも大きな影響を与えているはずです。しかし、一方で、科学の進歩が、必ずしも人々の世界観や人間観を変えるために十分な貢献をしてこなかったことも事実です。

これは、われわれが、ものごとを包括する知識を強く望んでいるにもかかわらず、学問が多種多様に枝分かれして広がってしまい、一つの統一的なものとして理解することが難しくなってしまったからです。そして、一人の人間の頭脳では、学問全体の中の一つの小さな専門領域以上のものを十分に理解できなくなってしまったことにもよっています。

実際、長年生命科学研究に携わってきた私も、自分の専門領域以外の領域を正しく理解し、総合的なとらえ方をすることが難しくなっていますし、一般の人々が、生命科学の全体像を知ることはほとんど不可能になっています。

また、科学技術の進歩や社会・政治形態の急激な変化などにより、これまでの哲学や宗教などによって支えられてきた人間像も古くなり、現代社会にふさわしい統合的な人間像を持つことが難しくなってしまっています。そして、何よりも人間が「生き物」であるという本来あるべき姿から離れてしまっていて、はなはだしい場合は「社会的人間」や「認識する脳」が「いのち」を離れて独り歩きしている感すらあり、「いのち」を大切にしない状況を招いていることに大きな危惧をいだきます。

「脳」も「いのち」も、生物学的な共通基盤に立って存在していることは自明ですが、人々がそのことを正しく理解するためには、生命科学研究の到達点に基盤を置いた新しい統合的な人間像を理解することが重要であり、生命科学研究者たちがそのための努力を惜しんではならないと考えます。

ルソーの時代には自然科学者として「生物学的人間像」を明らかにしようとしても、これを支えるに十分な生物学的知識が不足していました。しかし、現代の生命科学はこの解析手段を少なからず持っています。つまり、今日の生命科学研究の発展により、人間も生物の一つの種であり、それを地球上の生命の進化の歴史の流れの中に位置づける視点ができあがり、「生物としての人間の歴史」として実証的に語ることができるようになってきたのです。

そこで、本書では、ゴーギャンの「われわれはどこから来たのか、われわれは何者か、われわれはどこへ行くのか」という三つの設問に対する回答という形で、「生物としての人間の歴史」を中心として「生物学的人間像」を考えてみようとしています。

第一部「われわれはどこから来たのか」では、「地球上の現代人は原始生命体から始まって、アフリカ起源のホモ・サピエンスの先祖の集団が一〇万年前に旅を始めて、地球上に広がった結果である」という「人類の長い旅路」について、これを実証する遺伝子研究を紹介します。また、ヒトが狩猟採集民から新しい社会的人間へと転換するきっかけであり、現代社会への発展の基盤となった農業が、およそ一万年前にどのように始まったかを、穀物や家畜の遺伝子進化の観点からまとめています。

さらに、農業の発展と同時に始まった感染症との闘いについても、病原微生物の遺伝子研究から迫ります。そして、この一〇万年に及ぶ壮大な旅路の間に、ヒトはどのような遺伝的な変化をとげてきたかについても紹介します。

第二部「われわれは何者か」では、他のすべての生物に共通する生物学的側面と、「考える葦」であるという人間固有の側面という対照的な二つの本性についてまとめています。

まず、人間は「生きもの」であり、地球上のすべての生物と同じく、生きものの基本的単位である「細胞」からできていることを示し、「細胞とは何か」について現代生命科学研究の成果をまとめて説明します。

人間は「言葉を話す生きもの」であり、「考える葦」や「われ思うゆえにわれあり」という言葉に表わされる「認識、思考」の能力は、「言語機能」と密接なつながりを持っていると考えられます。そこで、その生物学的な理解について、ヒトの言語遺伝子研究などとともに説明します。

第三部「われわれはどこへ行くのか」は、「人間の未来」に関する考察を求めています。しかし、未来は、「どこから来たか」や「何者か」の延長線上にあり、推論はできても、科学的な実証研究はできません。したがって、第三部では、現在六〇億人を超える人間が地球上で「生きものとしての人間」として持続的に生き延びるためには何が必要かについて簡単に私見を述べたいと思います。

二〇〇九年はダーウィン生誕二〇〇年、『種の起源』の出版から一五〇年という節目の年でしたが、彼の進化論は、ヒトゲノム情報をはじめとする現代生命科学研究によって、より確固としたものになろうとしています。

本書では、こうした研究をもとにして、現代人が生物進化の歴史の産物として生きているという「生物としての人間」の現代的理解を紹介し、現代における新たな人間像を確立する一助になればと考えています。

# 序――生命と生命科学

## 生命史観

人間の歴史の前に、「生命」に対する見方がどのような経過を経たかという生命科学の歴史を概観することから始めたいと思います。

およそ四六億年前に地球が形成されたとき、そこには生気もなく、およそ無機的な空間でしかなかったのですが、一〇億年後になると藍藻に類似した生命体で満たされるようになっていました。この地球に存在するようになった新しい生命体がどのようにつくられたのかは、生命科学の最も基本的な問いかけですが、この長年の質問は、現在の生命科学の到達点においてもまだ確実な証拠をもって答えることができません。

## 生命は生命からのみ生まれる

人々は一七世紀の中ごろまでは、神が人類と他の高等生物を創造して、昆虫、カエルやいろいろな小生物は、土の中で自然に発生すると信じていました。これは、哲学や、数学、化学、建築学などが高度に発達していた時代を考えれば、人間の自然観としては、きわめて偏っていたように思われます。そして、生命が自然に発生するものではないという概念が成立するのは一九世紀まで待たなくてはなりませんでした。

フランスの生化学者、細菌学者として有名なルイ・パスツールは、化学の結晶学低温殺菌法(パストリゼーション)、アルコール発酵、弱毒化した微生物を接種する免疫法、ワクチンの予防接種、狂犬病のワクチンの開発など歴史に残る広範な業績を上げていて、現代の科学者からすれば途方もなく偉大な科学者といえますが、何といっても「自然発生説」を否定する実験を行ったことで有名です。

生物の自然発生を認める「自然発生説」は一七世紀にいったんは否定されたものの、明確な証拠にもとづくものではありませんでした。その後の顕微鏡による観察によって、目には見えない微生物がいることが発見され、それによって再び生物の「自然発生説」は息を吹き返します。微生物は外気から侵入したとしてもそれを見つけるのは難しいし、完全に密閉してしまえば、微生物の発生を妨げられたとしても、空気が入らないために生命が発生できないのだと反論されてしまうからです。

パスツールはさまざまな予備実験を行って、微生物は外気から侵入したのだと判断しました。そのうえで、これを明白に示すことができるように彼が考案した、塵が入らない「白鳥の首のかたちをしたフラスコ」を使うと、煮沸して放置した肉汁はまったく腐敗しないことを示しました。このことから、腐敗した肉汁の微生物はすべて外界からの混入によるものであり、「生命は生命からのみ生まれ」、自然発生は起きないという実験的証拠を示したのです。パスツールが『自然発生説の検討』という著書で、この概念を発表したのは、彼が三九歳の一八六一年のことです。

この論文は、先に挙げたルソーの著作と同じく、フランスアカデミーの懸賞論文に応募したものであり、当時のフランスアカデミーが科学の重要な課題を設定して科学者の研究を導こうとしたことが、歴史に残る成果として結実していることを考えると、現代における科学政策や学会の指導的役割の重要性をあらためて痛感させられます。

この概念の成立は、その後の生物学の基本として大きな出来事であっただけでなく、生命体はどのようにして発生したのかという生命の起源についての新しい命題を生み出すことになったのです。しかし、当時、ヒトだけでなく、多様な生物種の起源を、それぞれの生物種の始原的生命体と結びつけて想像するにはあまりに大きなギャップがあったといわざるをえません。

## 自然選択説

この難しい命題に答えるために二番目に重要な貢献というのは、チャールズ・ダーウィンによって提起された「自然選択説」でした。ダーウィンは、一八五九年に『種の起源』を発表し、自然選択と適者生存の事実を明らかにし、生物の進化論を確立しました。彼の学説はその後、自然科学の分野だけでなく、社会科学や哲学など広い領域にわたって、決定的な影響を及ぼすことになります。

アメリカの生物学者で哲学者でもあるフランシスコ・アヤラは次のように述べています。

「ダーウィンの進化論が人類の歴史上革命的であったことは、コペルニクスの宇宙理論が革命的であったことに匹敵するものです。それはちょうど、コペルニクスの理論が、地球を、それまで考えられていた宇宙と太陽を動かす中心地位から、太陽の周囲を回る惑星としての位置まで引きずりおろしたように、ダーウィンの生物進化についての革命的な理論は、人間を、他のすべての生物種が人間のために作成されていると考える〝地球上の生命の中心的で高貴な地位〟から、〝地球上のすべての生命体の一員〟としての地位に置き換えたのです」

コペルニクスの革命的理論が、一五四三年、彼の死後に公表されたことはあまりにも有名です。一六世紀から一七世紀にかけて、彼の理論に触発されたケプラー、ガリレオなどに続き、一六八七年にアイザック・ニュートンが『プリンキピア』を発表することになりましたが、こうした理論は、コペルニクスの理論を実証したものであり、地球が宇宙の中心ではなく、普通の星の周りで回転する小さい惑星であること、そして、空間的にも時間的にも広大な宇宙の恒星も、身近な物体の動きと同様の法則に従っているという宇宙の概念を打ち立ててゆくことに成功したのです。

これらの発見は、人間の知識を大いに広くしましたが、コペルニクスが引き起こした概念的な革命は、まだより基本的な段階にあったといえます。

なぜなら、コペルニクスの革命に始まる自然科学によって地球上と宇宙（天上）の世界を科学的に説明できるようになったものの、「人間」を含む生物の起源と構成に関しては、自然法則では説明できないような「創造者の行為」、つまり神によったとする説明が可能だったからです。

ダーウィンの進化論では、環境による選択圧に適応したものだけが次の世代に存続できると説明します。生命の起源という立場からダーウィンの進化論を考えると、この自然選択を何回も繰り返すことによって、結果として、簡単なものからより複雑な生命体への進化を生み出すことが期待できます。それはつまり、現存するすべての生き物はどれ一つとっても、ただ一つの単純な生命体の先祖である原始細胞から進化したかもしれないことを意味していることになるのです。

ダーウィンは、『種の起源』の最終節で「創造者」が、一つ、あるいはいくつかの「フォーム」に生命を吹き込んだと記述し、「最も簡単なものから始まって最も美しくて、最も素晴らしいものに発展した」と想像しています。しかし、親しい友人にあてた私信では、彼は、「生命」が「光、熱、電気、アンモニア、リン酸塩などで満たされている暖かい池」で化学反応を通して起こったかもしれないことを示唆していたといいます。このような予測は、その後の生物学研究の進歩を考えれば、驚くべき慧眼であったといってよいのでしょう。

## 遺伝の法則

ダーウィンは、生命の進化では「生物の変異性」が重要であると説明していますが、彼の著書には「変異性はまだ知られていない多くの法則、ことに成長の相関の法則によって支配されている」と述べるにとどめていて、その具体的なイメージは示すことはできていませんでした。

この変異性の実体である「遺伝の法則」は、グレゴール・ヨハン・メンデルによって発見されたのです。彼は植物学研究から、メンデルの法則と呼ばれる遺伝に関する法則を発見しました。この結果は口頭では一八六五年にブリュン自然協会で、論文では一八六六年に『ブリュン自然科学会誌』で発表されていましたが、その成果が認められないままメンデルは一八八四年に逝去します。

## 生命科学の三つの源泉

このような生物学研究史を見直してみると、驚いたことに、生命の自然発生の否定(パスツール、一八六一年)、自然選択説(ダーウィン、一八五九年)、遺伝の法則(メンデル、一八六五年)、という生物学の最も大きな原則の発見は、実に一八五九年から一八六五年という七年の間に、三人の巨人たちによって、お互いの情報を知ることもないまま、集中して発表されたのです。それは、あたかもカンブリア紀に、あらゆる多様な生命の形が爆発的に発生したのに似ていて、近代生物学はこの時代に始まったといってよいといえます。

マルクスの『資本論』が、イギリスの経済理論、フランスの空想社会主義、ドイツの弁証法哲学に三つの源泉を持つとはよくいわれてきたことですが、上に示した三人の巨人の発見は、まさにその後の生命科学の「三つの源泉」となったといってもよいのです。

パスツールの実験科学的立場は、発酵や腐敗は生物が引き起こす現象であり、それを酵素が触媒することによる「化学的な反応」であることを示したのですが、これはその後の細胞の営みの化学的基盤を示す「生化学」研究を発展させました。そして、二〇世紀になると、生命科学研究は、きわめて多様な形態を示す生物種（単細胞生物から多細胞生物まで）があっても、いずれも生命体の基本単位として「細胞」という形態をとっていることを明らかにし、これを構成している多種類の物質（生体物質、タンパク質、核酸、脂質など）の化学的性質を明らかにするという生化学的研究が進みました。

その結果、生きる状態を維持するための基本的な単位である細胞を構成する生体物質は、多様な生物種を超えて基本的に同一であり、この生体物質は、酵素と呼ばれるタンパク質を触媒とする化学反応（生化学反応）によって合成され、また分解されること、このような生化学反応が、生体構成物質の合成と分解とともに、エネルギーへと変換され、生命体の活動と維持に使われていることを示してきました。

こうした生化学反応は、一見閉鎖系と思える細胞内で起きるのですが、細胞は外界から物質を取り入れ、連鎖反応的に化学的変換を行い、構成成分を交代させつつ、不要な物質を細胞外に出すことを繰り返しつつ平衡関係（代謝回転と呼ぶ）を保っているのです。

一方、メンデルの法則は、メンデルの没後三五年もたった一九〇〇年に再発見され、承認されることになります。この偉大な法則の再発見が世紀の転換点で行われたことはある意味で象徴的です。

## セントラルドグマからヒト全ゲノムの解読まで

その後、遺伝子物質である核酸の発見、DNAのらせん構造の発見、遺伝暗号の解読と続き、細胞分裂とともに遺伝子物質が複製して伝達されること、細胞の代謝をつかさどるタンパク質は遺伝子DNAにコードされており、DNAからRNAへ、さらにタンパク質へと情報が伝達されることが、つぎつぎと明らかとなりました。

そして二〇世紀半ばを過ぎるころ、パスツールの潮流である生化学反応の中心となる酵素というタンパク質と、メンデルの潮流の遺伝学の中心となる遺伝子とが統合され、生命体の生きている実体の仕組みとして明らかになったのです。これは「セントラルドグマ」と呼ばれ、まさに、ダーウィンのいう「変異性はまだ知られていない多くの法則、ことに成長の相関の法則によって支配されている」を説明するに足るものでした。

そして、その後の分子遺伝学、ゲノム科学の発展により、二一世紀初頭にはヒトの全ゲノムの解読が完了し、生命の設計図の全貌が示されたのでした。

生命の設計図が明らかになったからといって、生命の合成ができるようになったわけではありません。しかしながら、生命体の基本骨格が明らかになるにつれ、生命がどのようにして始まったかについての問題設定が可能となってきています。

ダーウィンの『種の起源』では、「変異性はまだ知られていない多くの法則」によっていると説明していますが、もし、メンデルの法則を知りえたら、彼の学説は補強され、より明快な理論になっていたかもしれません。実際に、『種の起源』は版を重ね、第六版を出版したのは一八七二年のことで、ここには新たな章を設けて、この理論が発表されてからの異論に答えてもいるのですが、遺伝の法則について触れることはありませんでした。

一方、パスツールは、その『自然発生説の検討』を発表した翌年の一八六二年にフランスで『種の起源』の翻訳本が出版されると、「進化仮説」と「生命の起源」に関する議論に巻き込まれています。当時のフランスでの議論では、いろいろな混乱がありました。単純に考えても、生物の自然発生を否定してしまえば、生物が有機物の液体の中から忽然と発生することはありえないので、現在の生物は発生しなかったということになり、両者の主張は相容れません。また、パスツールの自然発生説の否定は、ある生物種がその親からしか発生しないといったまでで、生命進化を否定したわけではありませんが、これを混同したままの議論が行われていたのでした。

パスツールは、その著書の正式な表題（『大気中に存在する有機体性微粒子に関する報告書。自然発生説の検討』）にあるように、有機物質の液体の中で現在発生する生物の起源の議論をしていて、地球上の生物の起源とは区別して考えています。そして、前者は、実験科学的に実証できる課題としてとらえ、後者はこうした実験科学にはなじまない問題であると判断していました。

これは、生物学を実験科学的実証の上にこそ積み上げるべきだとする彼の研究態度によるものであり、この彼の態度は、後に、生物学研究に化学的手法が導入されてゆく生化学研究の基本的な礎を築くことになったといえます。ただ、敬虔なカトリックの修道士でもあった彼が、生命の起源と進化を実証不可能な「窺知しがたい神秘」として、「創造の神秘」や「創造物」の範疇に追いやっていたことが、他の人々を混乱させる原因にもなっていたようです。

実際に、ダーウィンの学説がフランスで受け入れられるようになるのはかなり後のことであったといいます。しかし、一五〇年ほど前のフランスで起きていた議論の混乱ぶりは、生命科学やゲノム科学が大きく発展した現代の科学界にあってもたいして変わらない状態にあるといえます。

## インテリジェント・デザイン

この混乱はとくに米国の「インテリジェント・デザイン」論争で今も進行しています。米国では従来から、宗教的信念から、ダーウィンの進化学説を認めようとしない向きがあり、公立学校の教育で進化論を採用するか排除するかについて、州ごとに違いがあるなど混乱していました。当初、科学者たちはこのような向きを無視していたのですが、現代のインテリジェント

・デザイン説は、簡単に無視できない「科学的」理論で武装されているのです。

ここではインテリジェント・デザイン論争には深く立ち入りませんが、ダーウィンの時代にはすでに、この論争はあったのです。

たとえば、この時代の作家であるウィリアム・ペーリーなどは、生命体の複雑なデザインは、偶然や物理学、化学および天文学の機械的な法則性によって生じることはできず、ちょうど腕時計の複雑さが知的な時計職人によって達成されたように、インテリジェント・デザイナーによって達成されたのだと主張しました。

ダーウィンは、生物学的な人間の存在理由を、超自然的な創造者の力を使うことなく、合理的な自然法則の概念の中で説明する理論を確立したといえるのです。

ダーウィンの最も大きい功績は、人を含む生きものの持つ複雑さや高度の機能性は、自然選択という自然のプロセスとして説明できるとした点にあります。ダーウィンは、生きものが、ある目的のために「設計された」、つまり機能上組織化されたことは受け入れていました。生きものは、生存のために必要となる手段を行使するように適応させられますし、その組織は必要とする機能を実現するために適応します。魚は水に生きるために、腎臓は血液の組成を一定に保つために、人間の手は握るために、というように設計されているように見えますが、ダーウィンは、この設計が創造者によるのではなく、無生物界の現象と同じように、「自然」が作り出したものであると主張しました。

一八五九年に発行された『種の起源』では、彼は生きものの進化を示す証拠を広げましたが、現在用いられている意味での「進化」という用語は使わず、「変化を伴う共通の先祖」あるいはそれと同様の表現を使用して生物進化を説明しようとしていました。

ダーウィンは進化そのものを具現化したことよりも、精神史における貢献のほうがはるかに大きかったといえます。実際、多様化して現存している生き物の共通の先祖の証拠を集めることは副次的な目的でしかなかったのかもしれません。むしろ、『種の起源』は、生きもののデザインをどのように科学的に説明するかという問題を解決するための第一歩であり、ダーウィンは生きもののデザインや、その複雑さ、多様性、およびとてつもないデザインなどを「自然」が引き起こした「偶然の結果」として説明しようとしていたのです。そして、進化が彼の理論の結果であることを示すために、ダーウィンは、生物進化に関する証拠を引き出そうとしていたともいえるのです。

## 進化論の実証へ

『種の起源』のが生物学にかぎらず広範囲に与えた影響は計り知れないものがありますが、現代の生物学者も含めて、その本のすべてを読む人は少ないでしょう。それは、彼の学説が明快であるのに対して、それを実証するために挙げられた多くの例示に辟易してしまうからです。ダーウィンの場合は、進化学説を実験的に証明することはほとんど不可能で、現実に生きている多様な生物種のひとつひとつの姿を網羅して、そのほとんどが学説に合っていることを説明する必要がありました。

実際、ダーウィンの進化学説には、妥当性は認めるとしても実証的ではないから正しい科学理論とはいえない、という非難が常につきまといます。とくに生命の起源については、実験的な証拠を提示することは現在でもきわめて難しいことなのです。

一方、進化学説の中でも、多様性を生み出す突然変異、生存競争や自然選択などについては、最近のゲノム科学などから、より確固たる証拠が集まっており、人類の生物学的歴史を明らかにするうえでも大きな貢献をしてきています。本書の多くの場面で、ダーウィンの進化学説を基盤とする最近のゲノム科学研究の成果が出てきますが、できるだけ理解しやすいように説明を心がけたつもりです。

## 人類が誕生するまで

### 最初の生命

約四〇億年前に地球に海が誕生したあと、最初の生命はおよそ三八億年前に誕生したといわれています。これは地球の誕生から八億年後の出来事であり、海が誕生して、まもなく生命はできたことになります。

そして、約三二億年前になると、シアノバクテリアと呼ばれる光合成を行う細菌が誕生します。この細菌は、光を使用してエネルギーを作り出すことができるようになった生物で、それまでは生命を傷つける存在だった光をエネルギーとして使い、周りに無尽蔵にある二酸化炭素と反応させることにより、効率的にエネルギーを得ることができました。

また、約二七億年前になると、地球内部のマントルと核の動きが大きく変化して、海面近くの生命環境の危険性が低下し、光合成を行う生物はさらに安全に増殖できるようになりました。こうして、自分でエネルギーを作り出す仕組みを獲得した生命体は、より大きなエネルギーを獲得し、さらに進化と拡大が進むようになりました。

## 真核生物の誕生

しかし、このような細菌が次第に数を増やしていくと、大量の酸素を放出するようになり、二七~二〇億年前には、海洋中の酸素濃度が次第に上昇してきました。それまでに現れていた生物は、酸素のない環境でしか生きられない、嫌気性の生物がほとんどでした。酸素は生命にとって毒なのです。生物は、自らが作り出したものにより、環境を激変させ、危機にさらされたのですが、この時期になると、細菌は新たな環境に適応できるように進化し、真核生物が誕生することになったと考えられています。

この時期の生命進化の重要な点のひとつは、遺伝子などを傷つける酸素を分解する酵素の出現によって、細菌が自分を守ることが可能になったことです。また、このころ細菌の中には、酸素を利用してエネルギーを作り出すものも出てきました。

つぎに、原始真核生物のように、異なる生命体の取り込みも起きるようになりました。太古の生命体が取り込みをした証拠は、現在の多くの生物の細胞内に共存しているミトコンドリアです。ミトコンドリアは細胞内に共存しつつも、そのＤＮＡは核の染色体ＤＮＡとは独立に自律的な複製を行い、その遺伝子は細菌のものと類似しています。ミトコンドリアと共生したことにより、それまで毒物でしかなかった酸素を利用して大きなエネルギーを獲得することができる真核細胞が誕生したのです。

このような生命体の融合や進化によって、酸素の多い環境に適応できる好気性の生き物が増えていきましたが、一方、酸素に対抗する能力を持たない嫌気性の生命体は、死滅するか、酸素の少ない場所を選んで生き延びていきました。

## 多細胞生物の誕生

こうして約二〇億年前には、本格的な真核生物が誕生し、その後も大きな進化をたどります。光合成細菌を取り込んで、自分の中で光合成をするようになった真核生物が現れます。光合成の能力を持たない真核生物は、積極的に栄養を取り込む必要があるため、運動能力を発達させていきました。

約一〇億年前ごろになると、小さな単細胞として誕生した生命体から、多細胞で一個体を作る多細胞生物が誕生するようになりました。これらの中で、光合成の能力を持つ生物の中からのちに植物へと枝分かれをしていくものが現れましたし、光合成の能力を持たない真核生物からは動物へと枝分かれしてゆくものも現れました。

## カンブリア紀の大爆発

約五億五〇〇〇年前になると、それまで数十種しかなかった生物が、突如一万種にまで爆発的に増加するという、有名な「カンブリア紀の大爆発」が起きたとされています。これは、『種の起源』の発表の一〇〇年後にあたる一九〇九年に、C・D・ウォルコットがカナダのブリティッシュ・コロンビア州にあるバージェス頁岩の中から大量のカンブリア化石を発見してわかったことです。

この時代、現在の動物門の枠組みには収まりきらない奇妙な形をしたバージェスモンスターと呼ばれる動物が多数現れ、創世記さながらの生命の大実験場となったと考えられます。バージェスモンスターたちは、やがて進化の途中で姿を消し、生き残ったものの中から、新しい生物が進化しました。この中には脊索を持つものがいましたが、脊索動物は現在でもホヤとして残っていますし、この生物から、後に脊椎動物が誕生することになります。

約五億年前ごろには、コケ植物やシダ植物が陸上に進出し、土の上でも暮らせるようになりました。約三億六〇〇〇万年前には、魚類の一部から、新たに両生類が誕生し、脊椎動物として初めて陸上へ進出しますが、これはのちに爬虫類、鳥類、哺乳類へと進化していきます。

## 大量絶滅

大量絶滅とは、ある時期に、多種類の生物が同時に消えてしまうことですが、多細胞生物が現れて以降、生命の進化の過程では、五度にわたって大量絶滅が起きたとされています。大量絶滅の原因は、隕石や彗星などの天体の衝突説、超大陸の形成と分裂に伴う大規模な火山活動による環境変化説など、さまざまな原因が考えられていますが、本当のところは謎のままです。

そして、大量絶滅が起きると、その直後には、空いたニッチ（生態的に好適な場所）に生き延びた生物が入り込むことで（適応放散という）、ある生物種の繁栄が起きます。よく知られている例として、恐竜が絶滅したことにより、それまで少数派であった哺乳類が急速に多様化し、大型化が進み、その後に繁栄を享受するようになったことが挙げられます。

## 最初の霊長類から人類へ

一億年から七〇〇〇万年前には、地球上に最初の霊長類が現れます。そして、四〇〇〇万年ほど前になると、類人亜目が分かれます。このグループは、後足で立つことができ、顔も人間に近くなります。

三〇〇〇万年前くらいには、ヒト上科として区分される尾のないサルが現れました。さらに、一七〇〇万年前になると、より大型のサルであるヒト科が現れます。現存するヒト以外のヒト科の生物には、ゴリラやチンパンジー、オランウータンがいます。そして、六〇〇万年前から五〇〇万年前くらいになると、より人間に近い、ヒト亜科として区分される動物が現れます。これは、より大きな脳を持ち、楽々と二足歩行できるようになった霊長類です。これらが人類の直接の祖先と目されています。

以上、人類が誕生するまでの生命進化の前史をかいつまんで説明しましたが、最初の生命がおよそ三八億年前ごろに誕生してから、人類の直接の祖先が現れるまでの生物進化の特徴的な出来事を、年代の長さに沿って図に示すと、はじめの出来事は、いかにもゆっくりと進み、現代のわれわれに近づくにしたがって、見掛けの進化速度が速まってきているようにも見えます。これは、三八メートル巻きのトイレットペーパーのロールを考えるとわかりやすいでしょう。二足歩行の人類が現れたのはこのロールの端から〇・四センチのところで、現代人の起源のホモ・サピエンスが地球上に現れたのは、実に端から〇・二ミリのところです。

## 生きものの系統樹

現在生存している生物の種類は膨大であり、植物と動物のように、その形態や生き方には驚くほど違いがあります。古代から人々はあまねくこの多様な生き物をそのまま眺めていたのでしょうが、科学的な目をもって眺める人はこの膨大な多様性の中に似通った性質を見つけます。そして、このごく自然な観察力を頼りに二つの生きものを比べて、より似通ったものはより近いものとしてこの作業を続けてゆけば、やがて、より複雑なものからより簡単なものへと整理することができるはずです。そしてお互いに似ているものは、その起源が近いという想定をすれば、多様な生物種はより似たもの、さらにより似たもの、という形で系統樹を描くことができます。「虫愛ずる姫君」や、現代の昆虫好きの少年のような目をもって、博物学者たちはこの似ている形を体丸ごととしてだけでなく、手の形、骨の形、というように解剖学的な形としてより詳細に観察して、知りうるかぎりすべての生き物をこのような系統樹の中に割り振りました。現在でも、未開地や山奥に新しい生き物を見つけたときに、この系統樹のどこかに配置させるのはたやすいことです。つまり、現在地球上に生きているすべての、そして、現在では見ることができない絶滅してしまった恐竜やマンモスのような生きものの化石も、この系統樹に入るのです。化石などの年代測定から、この系統樹の中の大きな分岐がいつごろ起きたかの推定もできるようになりました。

遺伝子の構造が明らかになると、解剖学的な特徴から、生物種の設計図であるタンパク質やその遺伝子を生物間で比較できるようになります。たとえば、ヘモグロビンのような特定のタンパク質をコードする遺伝子について、ヒトとチンパンジーとマウスの間で、その塩基配列を比較します。このような塩基配列が似ているか違っているかを、相同性（ホモロジー）といいます。この三種の生物種の間で、この塩基配列の比較をすると、ヒトとチンパンジーの間のほうが、ヒトとマウスよりも相同性が高いという結果が出てきます。どの生きものとどの生きものの間で、遺伝子の相同性が高いかをたよりに、これも同じような作業を繰り返してゆくと、遺伝子から見た系統樹を描くことができます。

そして、驚くことに、人が見た体の形と遺伝子という二つの異なる指標で作られた系統樹はほとんど同じだったのです。遺伝子間の相同性はたとえば、一〇〇塩基に二つの塩基が違うか、五つの塩基が違うかというように、数字でその違いを示すことができるので、人が見た生きものの形の違いの程度の差よりも正確にその違いの程度を表現できます。また、この遺伝子の違いは突然変異によって起きるので、変異が起きる頻度がすべての生物種間で同じとすれば、相同性の違いの程度から、その分岐がいつ起きたかという年代を推定することができ、生きものの形から推定した系統樹の年代の推定がより確かなものになります。

これから説明するヒトの起源や個人の間の違いも、基本的には、遺伝子の塩基配列の比較で、近いか遠いかを判断しています。ゲノムサイエンスの研究方法論の進歩により、この基本的な分析法はより正確に、また、いろいろな比較の標準を満たすように詳しい分析方法ができてきましたが、配列が似ているのはより近い関係にあるという原則は同じです。

# 第一部　われわれはどこから来たのか

「われわれはどこから来たのか」という問いは、幼児が母親によくする「自分は誰から生まれたのか」という質問に対して、母親が「お母さんから生まれた」と答えると、「お母さんは誰から生まれたのか」と続き、この質問が延々と繰り返されるのに似ています。由緒ある家系図などが残っている家系では、かなり昔の時代までその先祖について遡ることができるでしょうが、それとて記録が残っている有史以前になるとわからなくなります。

だからといって、家系がそこで途絶えているのではなくて、その先祖は、昔へ昔へとどこまでも遡ってゆくことができるはずです。有史以前の手がかりとなるのは、遺跡や化石などですが、遺跡や化石が残っているのはある種の幸運の結果であって、それがなければ追跡は途絶えてしまうことになります。

でも、遺跡や化石に頼らなくてもこの問いに答える方法はあるのです。それは、現在生きているわれわれ自身の遺伝子を調べることです。

具体的には、必要な人数の集団から、たとえば皮膚の一部の細胞を採取して、そこからDNAを抽出してその情報を読み取って情報解析をすることで、人類がその起源からどのように現在に至ったかの歴史を知る手がかりを得ることができるのです。

とくに、二一世紀初頭のヒトの全ゲノムの解読をはじめとして、霊長類など多様な生物種のゲノム情報が解読されたことで、人類の起源や進化の歴史をより正確に追跡することができるようになりました。最近では、ヨーロッパ人三〇〇〇人の遺伝子を解析して比較すると、それぞれの人々がヨーロッパのどこに住んでいるかを数百キロメートルの精度で推定することができるという報告もあります。また、ネアンデルタール人の化石に残っていたわずかなDNAを抽出し、ネアンデルタール人の全ゲノム情報も解読して、現代人との違いを明らかにすることもできるようになってきています。

もちろん、こうした先祖をどこまでも前へ前へと遡って追跡してゆけば、人類の先祖の先祖を超えて、生命の最初の段階、始原的生物まで到達することになります。この生命の起源から人類の発生に至るまでの出来事は、序論で簡単に示しましたが、ここでは主に、これまでの化石や遺跡などの考古学的証拠や現代人の遺伝子解析の結果をもとに、人類の進化の歴史をたどるつもりです。

具体的には、地球上に人類と呼ばれる種はいくつも現れたものの、ホモ・サピエンス以外の種はすべて絶滅してしまい、およそ一〇万年前にアフリカを出発したホモ・サピエンスの一部族が世界中に広がり、現在六〇億人を超える人間（現代人）として生存する状態に達したこと、つまり、人類の起源と時空の旅路の軌跡を示すことになります。

# 第1章　人類の起源と進化

## 人類はアフリカ大陸で誕生した

人類の祖先に関する古人類学の研究は、最初は主にアフリカ大陸で新たに発見されたたくさんの早期人類の頭蓋を調べることで、過去二〇〇万年からの人類の進化の足跡の年代の特定や地理的な範囲の解明を行ってきました。次々と古い頭蓋が発見されるたびに、たちまちその年代は昔に遡っていきました。

実際、人類の先祖とチンパンジーの先祖との間の分岐はどんどん昔に押し戻されてきています。また、世界の広い地域で発見された先史時代の人類集団の要となる頭蓋の形を高速コンピューターで比較分析するという、より科学的な根拠にもとづいた研究が進み、人類の系統樹がより正確に推定されるようになってきました。

つい最近でも、頭蓋の形の比較分析に多面的なパラメーターを駆使することで、より正確な系統樹を描くことができることが報告され、人類の進化の道筋がよりはっきりしてきました。

このような人類の進化の道のりにおいては、地球上の気象の変化が大きな効果を及ぼしたものと考えられます。この二五〇万年の間でも、地球上では、氷期、間氷期が繰り返され、それが人類の進化とアフリカから他の大陸へと拡散してゆく一因となったことは明らかです。

一般に、厳しい気候の変化は、まず広範囲の巨大動植物類の絶滅をもたらすものですが、人類はこの例にならわず、繁栄する方向へと向かうことになりました。

人類が現れる以前から、霊長類は、他の同時代の哺乳動物よりも器用な手と大きな脳を持っていて、雑食であり、社会生活も営んでいました。一〇〇〇万年前のアフリカはみずみずしい楽園として数種の類人猿が住んでいましたが、およそ七〇〇〇～八〇〇〇万年前には、類人猿の数が急激に減少したと推定されています。それは、この間に起きた数百万年におよぶ地球の寒冷化や草原の拡大と対応しているといわれています。

## ルーシー――最初の二足歩行の類人猿のレディ

この短い氷期の間に人類の先祖とチンパンジーの先祖が分岐を始めたとする考え方もありま

すし、人類の先祖の際立った特徴である二足歩行はこのころ発生したとする説もあります。

　現在知られている二足歩行の最初の最も確かな証拠は、一九九五年に北部ケニアで発見された、四〇〇〇万年前のものと推定される類人猿、アウストラロピテクス・アナメンシス（アナム猿人）の骨に認められています。

　そのあとに続くのが、一九七八年に東アフリカで発見され、三九〇〜二九〇万年前のものと推定されているアウストラロピテクス・アファレンシス（アファール猿人）です。この二足歩行の類人猿はルーシーと名付けられ、考古学分野ではきわめて有名なレディとなりました。

ルーシーはその化石から、小柄ながらきわめて頑丈な成人女性で、幅広の腰骨、U字型と放射型の中間の歯列、小さな犬歯、大きな大臼歯、長い腕、短い脚、上にすぼまる胸郭、長く曲がった手の骨、短い親指、強い性的二型、類人猿並みの脳容量といった特徴を持っていたと推定されています。その歯には、人類の特徴もいくつか見られるものの、類人猿のものに似た特徴も多く残していますし、その頭蓋と脳の大きさ（容量が三七五〜五〇〇cc）は、チンパンジーとよく似ています。

　二〇〇〜三〇〇万年ごろになるとアウストラロピテクス・アフリカヌスが出現しますが、これも二足歩行をした類人猿です。アフリカヌスはチンパンジーより微妙に大きい脳（四二〇〜五〇〇cc）と、犬歯の縮小・頰歯の拡大、目立つ頰骨、より小さな性差などの特徴を持っていますが、現在では、ホモ属の直接の祖先ではないと考える研究者も多いようです。いずれにしても、アウストラロピテクス属は、直立二足歩行をするようになった初めての生き物であったといえます。

彼らは、脳の大きさや歯、顎の形によってアファレンシス、アフリカヌス、ロブストゥス、ボイジイの四種類に分類されますが、いずれもアフリカの南部、東部で暮らしていたと推定されています。

しかし、これらの二足歩行の類人猿は、なぜか、その後の人類へと向かう進化の道筋を歩むことにはならなかったのです。アウストラロピテクス属は四〇〇万年前、断片的な証拠では五〇〇万年前も前にすでに現れていて、人類の進化のスタートに立っていたといえるのですが、不思議なことに一五〇万年前ごろには地球上からまったく姿を消してしまったのです。

## 二足歩行と母体の腰痛を軽減するための進化

四足歩行から二足歩行への移行は、背骨の構造に大きな変化を及ぼすと考えられます。二足歩行をする人類では、脊柱が湾曲を起こすことによって、二本の脚の上で、体の体幹のかたまりを腰の上に位置決めして上部の体軸を安定させていると考えられます。

とくに、妊娠によって胎児という新たに生じた余分な重さをかかえることになる妊娠女性の場合、その荷重を解消することが必要となります。妊娠した女性の腹部は、新しい生命の誕生のために、最大で三一％（六・八キログラム）まで増大させることになります。この腹部の胎児による新たな重量の増加は、四足動物ではその姿勢を崩しませんが、二足歩行の人類では安定性を保つことはかなり難しく、筋肉だけでこれを支えようとすれば、筋疲労を増し、脊髄の怪我の可能性を広げます。

妊娠中の母親は、背中を伸ばして重心をずらすことによって習慣的に胎児の負荷を解消していますが、妊娠女性が、強制的に腰の脊椎の湾曲をさせないようにした場合、重心が三センチメートルほどずれ、およそ八倍の負荷が腰にかかることになります。このような二足歩行の人類にとって不利となる女性のお産での負荷を軽減するために、人間の女性は、腰椎の湾曲による補強を起こすことによって適応進化が起きていることがわかりました。

このような脊椎の湾曲が直接妊娠と関係したものであれば、男性にはない特徴であり、雌雄二形（性別によって個体の形質が異なる現象）があるはずです。実際に男性との比較を行ってみると、この脊椎の湾曲は確かに女性に特有の解剖学的性質であることがわかりました。このように、母親の姿勢と歩行能力を向上させるために、腰の雌雄二形があるという証拠は、人類に特有の腰の湾曲が強い選択圧を受けてきたことを示しています。

そうだとすれば、これらの適合は少なくとも最初二足歩行の人類であるアウストラロピテクスにも起きていたと予想されます。アウストラロピテクス類の二人の化石では、女性の化石には典型的な脊椎湾曲があり、男性の化石では湾曲脊椎骨がより少ないパターンを示していました。このようなアウストラロピテクスと現代人の腰椎の同種二形の同様のパターンは、脊髄にかかる重力が、とくに妊娠中の女性にとって主要な問題であったことを示しているといえます。

アウストラロピテクス類の化石人骨の発見以来、人類の歩行能力を妊娠で引き起こされる生力学的な変化の進化と関係づけて研究が行われてきました。現代人の腰の脊椎湾曲を示す同種二形は、母親が胎児の負荷で発生する重力を緩和するのを助けるだけではなく、妊娠の生力学的な要求が、二足歩行の人類の腰の脊椎湾曲の進化に急速な選択圧として働いていたことも示しているのです。

これらの結果は、二足歩行人類の女性が、繁殖に成功するような体の変化という点で、とくに、腰椎と骨盤管の寸法両方の適応が重要であったことを示したことにもなります。初期の人類の母親も、現代の母親が感じるような疲労と背中の筋肉痛があったと想像できますが、妊娠した女性が、略奪者から逃れる能力を持ち、栄養のストレスや負傷や死亡の危機から守られるようになり、安定して子孫を産みだすことが可能となったことは、人類の進化におおきな役割を果たしてきたと予想されます。

## もっと古い二足歩行のレディ、アルディの発見

これまで人間という種族に属する最初の二足歩行をしたのは、先に述べたアファール猿人の有名な女性であるルーシーとされていました。しかし、本書執筆中の二〇〇九年一〇月二日の『サイエンス』誌に、ルーシーより一〇〇万年以上も前に遡る「人類の最初の祖先」であり、二足歩行をしたと推定されるアルディという最初の猿人の女性像が公表されました。

この人類の歴史上の新しいレディは、一九九二年以降にエチオピアで発見されたいくつかの化石をもとに、世界の考古学研究者たちによって全身像が復元されたものです。ここで発見されたヒト科の化石は、人類の進化のかなり早い年代である四四〇万年前のものであると推定され、三六人以上の化石で、頭蓋骨、骨盤、下側の腕、一人の女性の足などが発見されたのです。アルディは、アルディピテクス・ラミダス（ラミダス猿人）から取った愛称で、身長は一二〇センチ、体重は五〇キログラムであり、直立歩行をしていた可能性があるというのです。

これまでの「人類の最初の祖先」という地位にあったルーシーは、疎林と灌木の混じる熱帯草原地帯に生活していたと推定されていましたが、周辺の大小動物と植物の化石の分析などから、アルディは森林地帯に住んでいたと見られます。

ラミダス猿人は木から木へと地上を手のひらを使って移動し、直立歩行をしていたと推定されています。

さらに、これまで、ルーシーの骨格の分析から人類と他の類人猿の最後の共通祖先はチンパンジーに似たものだと思われていたのですが、アルディの発見で、これが覆ることにもなりました。ラミダス猿人はチンパンジーの典型的な特徴であるオスの大きな犬歯などをほとんど持っておらず、それはチンパンジーに見られる、非常に攻撃的な社会的行動を早い段階で行わなくなったことを示していると推測されました。

犬歯の縮小は人類の大きな特徴なので、ヒトは、チンパンジーや大型霊長類と枝分かれした後で、かなりの変異が起こったと推定されます。

ラミダス猿人の化石を最初に発見し、今回の研究にも参加している諏訪元・東京大学教授によると、「チンパンジーは樹上では懸垂運動をし、地上では前肢の中指を地面につけて歩くが、ラミダスにはそうした特徴の名残はなく、チンパンジーとは相当異なった祖先から進化したようだ」ということです。

このように、新しい化石が発見されると、大昔の人類の歴史とその解釈は、一〇〇万年もの単位で大きく変わってしまうことになります。

## ホモ属の登場

二五〇万年前ごろになると、地球は寒冷になりはじめました。湿潤で温暖な鮮新世は、更新世になると氷河時代へと移行するようになりますが、この時期は乾燥した氷期が繰り返して訪れるという過酷な気候の時代であり、最終の氷期のピークとなる一万八〇〇〇年前ごろまでは、アフリカでは気候変動のために草原が広がったり縮小したりを繰り返していました。このような過酷な気候でもなんとか生存できる人類は、石器という道具を使うことができ、大きな脳を持つという特徴があり、最初にアフリカのサバンナ地域に現れたホモ属であったと考えられています。

## 菜食主義者からの転換

このころの菜食主義者の大型サルたちには脳の増大を示す徴候はまったくなかったのに対し、ヒト科のホモ属とパラントロプス属には継続的に脳が大きい種が現れました。そして、彼らの脳のサイズはその後それぞれの種内でも増加の一途をたどっていることがわかっています。このことから、この二つの属の共通の祖先に大きな脳を選択するような共通の新しい行動様式が備わっていたとも考えられます。これは同時代の霊長類にはなかった際立った特徴です。

パラントロプス属とホモ属はともに大きな脳を持つという点で共通性がありながら、別の特性の違いによって、その後の両者の進化の道筋では大きく分かれてゆきました。

パラントロプス属の系統（ボイセイ、アエチオピクス、ロブストゥスなど）は、硬い植物をすりつぶすことのできる大きな顎を発達させ、菜食者としての特徴を持ち、菜食主義者の道を進んでゆくことになります。一方、ホモ属は、有能な狩猟採集民となる道へと進んでいったと考えられています。

これは、それより前に起きた四足歩行と二足歩行の分岐が、人類の進化上できわめて大きな分岐点となったと同じように重要な分かれ道であったのです。

ロブストゥスなどいわゆる頑丈型猿人は、その頑丈な顎で、主にサバンナの植物の根茎のような硬くて低栄養価のものを食べており、乾燥化によるサバンナの出現によく適応し、その環境に特化した人類種であると考えられていました。一方、ホモ属は、当時から動物の肉や骨髄など栄養価の高い食餌をとっていたと考えられています。

ところが最近、植物中の炭素同位体が採食者の体内に取り込まれて蓄積することを利用して、パラントロプス属の歯に付着していた食物を分析することが可能となると、ロブストゥスはサバンナの根茎だけでなく、森林の果実や葉も食しており、さらには昆虫など動物性タンパク質を摂取していたことがわかりました。パラントロプス属の食性が多様だったとなると、食資源の範囲の狭さが絶滅の理由ではないかというこれまでの見解を見直す必要がありますし、ホモ属との食資源の獲得で競合が起きていた可能性もあります。

## 咀嚼力と遺伝子変異

強力な咀嚼の筋肉は、チンパンジーとゴリラを含むほとんどの霊長類と同様に、アウストラロピテクスとパラントロプスなどの古代人類の系統の際立った適応の一部と見られています。対照的に、ホモ属の古代化石および現代人の咀嚼の筋肉はかなり小さくなっており、このことは、ヒト科の咀嚼器官の進化が、初期ホモ属で進行した脳の増大とほとんど同時に起きたと考えられています。

最近、この咀嚼力の進化に関係する新しい発見がありました。ヒトとチンパンジーに通じる家系が分岐した後に、咀嚼筋で発現している主要なミオシン重鎖タンパク質の一種（ＭＹＴＨ１６）をコードしている遺伝子が消失してしまったということです。このタンパク質の損失は、個々の筋繊維と全体の咀嚼の筋肉を小さくしてしまうことになります。進化の分子時計から、この変異はおよそ二四〇万年前に現れたと見積もられています。したがって、咀嚼筋の縮小は現代人の体の大きさの変化や、その後のアフリカからの移住より前に起こっていた出来事だといえます。これは、ヒトとサルの最初の機能的な遺伝的な差を示しているタンパク質の違いでもあり、しかも化石記録に依存した解剖学的所見とも強い関連を示す最初の例といえます。この遺伝子の変化と脳の大きさとの関係については後でもう一度触れます。

## ホモ属の脳の大きさ

最も早く道具を使った人類は、英国の古人類学者であるリーキー夫妻によって、タンザニアのオルドバイ峡谷で一九六〇年に化石が発見されたホモ・ハビリスです。ホモ・ハビリスという名前は「器用なヒト」という意味で名付けられました。ホモ・ハビリスは二三〇〜一六〇万年前に東アフリカに住んでいたと考えられていますが、その平均的な脳の大きさは六五〇ccで、アウストラロピテクスより小さな顎と歯、大きな脳容量を持っていて、オルドワン石器を作ったとされています。なお、一九〇万年前のハビリスの脳はアウストラロピテクス属の脳に近いものもあり、ホモ属ではないとする研究者もいます。

人類の大きな脳は、更新世の氷河時代が始まるよりずっと以前からその行動に有利に働くことがあったかもしれませんが、この時代以降の乾燥の度を増していったアフリカの生態系の中では、食物を獲得するという作業は、かなりの臨機応変さを要求したに違いありません。だから、大きな脳を持つ初期人類は明らかに優位性を獲得し、その行動様式は現在へと引き継がれてきたと考えられるのです。

脳を働かせるためには多くのカロリーが必要なので、肉食によってより高いエネルギーを獲得することでその進化が進んだという説があります。またホモ・エルガステルの胸郭の変化から予想されるように、人類は進化とともに腸を縮小させてきていることも、肉食化に有利に働いていると考えられます。

このような初期人類は、氷期の極大期が終わるごとに現れる短いアフリカのサバンナの温暖な緑地を満喫し、一部は危険を冒してアフリカから出ていきました。これらアフリカの内外で暮らしていたさまざまな人類の脳は、一〇〇万年前ごろまでの間に、四〇〇ccから一〇〇〇ccへ、つまり、現代人の脳の大きさのレベルへと大型化していったのです。

このようにヒト系統の脳が驚異的に発達していった時期を、もっと後の時代と比べると、大きな断絶があることがわかります。最も早い二〇〇万年前のホモ・ハビリスと、一三〇万年から一〇七万年前のホモ・ローデシエンスの脳を、彼らの化石から比べると、およそ七〇万年の間にヒト属の脳の大きさは二・五倍に増加しています。その後、現代にいたる一二〇万年の間に、アジアのホモ・エレクトスやヨーロッパのネアンデルタール人などでは、わずかに六パーセントしか増大していないのです。

だから、大きな脳を持つという人類の身体的特徴は、ホモ属が現れてからの人類の系統樹の上で、最初のうちが最も際立った変化として現れたのだといえます。ホモ属は、大きくなった脳や雑食、小さな歯という特徴を持ち、適応性のある行動によって新しい進化の道筋を突き進んでいったのです。このことは、他のホモ属よりも脳の容量が小さい、二三〇〜一六〇万年前のホモ・ハビリスでも、その最早期にはすでに最初の石器製作を始めていたことからもわかります。

### ホモ属の進化の道筋

この時期に相次いで現れたホモ属は、以下のような特徴を持っています。

ハビリスに先行して現れたホモ・ルドルフェンシス（二五〇〜一八〇万年前、ケニア）は平坦で幅広な顔面、幅広でエナメル質の厚い大臼歯、より現代的な四肢骨を示し、ホモ・ハビリスより大きな脳容量持っていました。ハビリスのオスだとする説もありますが、別種とする意見が強く、「大型ハビリス」とも呼ばれています。ホモ・エルガステル（一八〇〜一五〇万年前、ケニア）は、高い身長、長い手足、ほっそりした腰、狭い肩幅を示し、これもハビリスより大きな脳容量を持っていました。

ホモ・エレクトス（一七〇万年前〜数十万年前、ユーラシア）は、ホモ・ハビリスより大きな脳容量、小さい眼窩上隆起、より平坦な顔面、華奢で丸い脳頭蓋、より現代人に近い歯列を持っています。

ホモ・エレクトスは系統を定めた種として一五〇万年も地球を支配したと考えられています。彼らは石器を持っていました。最初は簡単に手を加えた小石でしたが、そのうちに手斧も作るようになります。彼らのアフリカの先祖であるホモ・エルガステルは一九五万年前にアフリカを離れた最初の人類です。このようにアフリカからの古代人類の脱出は何回か起きていますが、結果が何らかの形で確認できるのは限られており、彼らの脱出は第一の出アフリカと呼ばれています。

つい最近、ケニアの細粒砂に刻まれた古代の足跡化石の分析では、踵から母指球・母趾へと体重を移動させる特徴的な歩き方をしているなど、現生人類の歩行形態のあらゆる特徴が表れていることがわかりました。そして、この足跡から割り出したホモ属の身長と体重から推測すると、この足跡は、ホモ・エルガステル、もしくはホモ・エレクトスであり、少なくとも一五〇万年前までに現生人類型の歩行形態を獲得していたことが判明したと報告されています。

## 「叡智を持つ人」の登場

さて、現代人の先祖となるホモ・サピエンスは一七万年前の最も厳しい氷期に、総人口が一万人まで落ち込んで人類が絶滅しそうになったあとに誕生したと考えられています。サピエンス（sapiens）は、「叡智を身につけている」「知恵を持つ」「知っている」などの意味を持つラテン語の動詞 sapere に由来していて、「叡智を持つ人」という意味です（科学 science と同じ由来）。

彼らの一部は一二万年前に訪れる次の間氷期に、いったん、アフリカからレヴァント地方へ出てゆきましたが、その後に訪れた氷期のために死滅してしまったとされています。そして、彼らは、七万年から八万年前に再びアフリカを出て世界に広がってゆく壮大な旅路に就いたのです。この時期には、ユーラシアにはネアンデルタール人が、東南アジアにはホモ・エレクトスがそれぞれ住んでいて、少なくとも三万年前までは生存していた形跡がありますが、その後にやはり理由は不明ですがどちらも絶滅してしまい、現生人類の遺伝子には彼らの遺伝的痕跡はまったく残っていないのです。

いずれにしても、ホモ・サピエンスを除くすべての初期人類は、長い間アフリカを中心として栄えていたのですが、その後、忽然と地球上から姿を消してしまうという絶滅の運命をたどったのです。そして、その原因はまったくわからないままなのです。

# 第2章　現代人の起源と出アフリカ

## 最初にアフリカから出ていったホモ・エレクトス

一八〇万年から一〇〇万年前と推定されるホモ・エレクトスの化石が地球上の広い場所で見つかっています。これらの化石は、以前は、ジャワ原人（ホモ・エレクトス・エレクトス）、北京原人（ホモ・エレクトス・ペキネンシス）などと呼ばれていた初期人類で、「多地域進化説」の証拠となっていました。しかし、現在ではホモ・エレクトスとして分類され、アジアのホモ・エレクトスとも呼ばれるようになりました。

彼らは、さらに中東、ロシア、インド、極東、東南アジアに広がっていきましたが、今では、このような広範な地域の初期人類もアフリカが起源であったと考えられています。彼らは、まだアフリカとアラビアの南側が紅海で隔てられる前にアフリカを離れたものと思われます。これら地域の初期人類は、地球上に化石としての痕跡を残したまま、現在はまったく生存していないのです。

ほぼ一〇〇万年前に連続した厳しい氷期が訪れると、アフリカの大部分を乾燥させ、新しいより特殊化したヒト科であるホモ・ローデシエンスが出現しました。彼らはアシュール文化として知られるより洗練された石器を作りだしています。彼らもまたアフリカを出てヨーロッパに行き、およそ五〇万年前にはアシュール文化を携えて中国にも行ったと推定されています。

三五万年前になると再び過酷な氷期がやってきて、また新たなホモ属であるホモ・ヘルメイが現れます。ホモ・ヘルメイは現代人に近い体の大きさを持っており、その脳のサイズも平均容量が一四〇〇ccと推定され、現代人類より少し大きく、彼らを旧ホモ・サピエンスと呼ぶ研究者もいます。

彼らは温暖期にアフリカを出て、二五万年前にユーラシア一帯に広がっていたと考えられ、ヨーロッパとアジアのホモ・ネアンデルターレンシス（ネアンデルタール人）や、インドや中国にもいた可能性があるといわれています。

## 現代人の起源——出アフリカ仮説（単一地域起源説）

現代人の起源についての議論には二つの仮説が提起されてきました。おもに古人類学者たちは化石の証拠にもとづいて、世界の異なる人種はそれぞれが前現生人類の祖先型から発生したもので、世界各地でそのようなことが起こっていて、「ジャワ原人」、「北京原人」、ネアンデルタール人などもそのようにして現れたと考えました。この説のおもな疑問点は、地域的な特徴を持つはずの現代人たちが、さまざまな点で、その地域の祖先とされるものより、お互いによく似ていることでした。この問題を、整合性を持って考えるために、異なる地域の人種は継続的に交りあい、遺伝子を交換することにより、今日の複雑な人種を形成してきたと考えたのです。これを「多地域進化説」と呼びます。しかし、あらたな遺伝子の集団的解析が用いられるようになると、別の仮説が有力になってきました。それが「単一地域進化説」であり「出アフリカ説」とも呼ばれています。

### ミトコンドリア・イブ

この出アフリカ説は、アメリカの遺伝学者レベッカ・キャンらが一九八七年に発表したもので、現生人類の誕生した場所について新しい確実な証拠を提起したのです。この新証拠によれば、私たち現生人類は過去二〇万年以内にアフリカで一つの遺伝子系統から誕生したものであり、世界の多地域で個別に進化してきたという多地域進化仮説を真っ向から否定するものでした。この最初の系統はアフリカで誕生し、その後、五つか六つのおもだった母系の一族を形成し、これらの系統が現生人類へと発展してきたというものです。この仮説は、母系のみに伝えられるミトコンドリアの遺伝子を使用して分析されたものです。

その後に、ほかの研究者たちは、アフリカの一〇以上の祖先の分岐の中の一つのみが世界の始祖系統となったことを確認しました。つまり、このアフリカの母系には一人の共通の祖先がいて、そこから出アフリカの系統が現れ、その遺伝子上の娘たちがアフリカ以外の地域に植民していったということであり、この最初の共通の母系の祖先は「ミトコンドリア・イブ」と呼ばれるようになりました。

実際には、このイブは一人の最初の母を意味するものではなく、現生人類が受け継いでいる遺伝子は、一九万年前ごろ生きていた二〇〇〇人から一万人のアフリカ人を核とする集団に由来していたと考えられます。

このような大胆な仮説はどのようにして導かれたのでしょうか。その研究では、ミトコンドリアの遺伝子の解析が大きな手段となっています。ミトコンドリアは動物細胞の細胞質に存在し、細胞のエネルギー生産に大きな働きをしています。ミトコンドリアは、細胞の進化の過程で共生した細菌が、その後に変化して細胞内のオルガネラとなったものと推定されていて、ミトコンドリアは、自分自身のＤＮＡを持ち、一種の自律的増殖能力もあり、細胞の核の染色体ＤＮＡとは独立して複製が起きます。ミトコンドリアのＤＮＡは分子量が小さく、環状をしています。精子のミトコンドリアは、受精までの運動のために使われますが、受精のときには、卵の中に入ることはなく、子孫には伝わることはありません。したがって、ミトコンドリアは卵子由来、つまり、つねに母系からのみ子孫に伝わることになります。母親からミトコンドリアＤＮＡが受け継がれるとき、そのミトコンドリアＤＮＡに突然変異が起きることがあり、その変異はおよそ一〇〇〇世代に一つの割合で生ずると推定されています。つまり、一世代の間に一〇〇万人の母親から、他と異なる新しい突然変異を持つ一〇〇〇人以上の娘が生まれる可能性があるのです。

このミトコンドリアＤＮＡに生じた突然変異は、その後、すべての娘に受け継がれてゆきますので、総体的な突然変異の可能性は、娘を持つ母親の数の増加にしたがって増加することになります。

およそ二〇万年にわたり、アフリカの最初のイブから娘へと受け継がれてきたミトコンドリアＤＮＡは、その後も異なる突然変異を蓄積してゆくことになりました。そこで、現代の世界中の女性のミトコンドリアDNA中の異なる組み合わせの突然変異を逆にたどってゆけば、理論的には最初の母であるイブまでたどりつくことができ、現代人から先祖までの系統樹を描くことができるはずです。

もちろん、このような系統樹を描くためには、何千という突然変異の組み合わせを扱うことになるので、コンピューターの助けが必要です。さらに、系統樹をたどるだけでなく、サンプルを提供した人々がどこに住んでいたかという地理的な情報を考慮すれば、特定の突然変異がどこで起こったのか、たとえばヨーロッパか、アジアか、アフリカかを推定することも可能となります。

また、突然変異はランダムに、しかし統計的には一定の頻度で起きるので、それが起きたおよその年代を推定することも可能となります。

このようなミトコンドリアDNAの変異の追跡は、一九九〇年代後半から多数の研究者の努力によって、アフリカで生まれたミトコンドリア・イブの娘たちの子孫が現代にいたるまでどのように世界中に広がって移動していったかを推定できるようになりました。

その結果、一五万年から一九万年前にアフリカでミトコンドリアDNAの最も古い変化が起き、新しい突然変異は六万年前から八万年前にアジアで現れました。このことから、現生人類はアフリカをスタートとして、そのうちのあるものが八万年前以後にアフリカからアジアに移動していったと考えられるのです。

## アダムもいた（Ｙ染色体による解析）

このような母系を通して受け継がれるミトコンドリアＤＮＡを用いた研究はイブを特定化しましたが、ではアダムはいたのでしょうか。ゲノム科学の進歩によって、男系の子孫を追跡する方法も可能となってきました。

細胞質に存在するミトコンドリアとは違い、細胞核には、染色体ＤＮＡがあります。この中に男系のみに伝えられ、しかも男になることを決定する遺伝子セットとして、Ｙ染色体があります。このＹ染色体はわずかの部分を除いて、ほかの染色体のようなＤＮＡの組換えを起こしません。この組換えを起こさないＹ染色体の部分（ＮＲＹ）に起きた変異を、ミトコンドリアＤＮＡと同様に追跡してゆけば、男系の人類の先祖からの系統樹を描くことが可能なはずです。そして、ミトコンドリア・イブに対比してＮＲＹで追跡された現生人類の祖先は、アダムということになります。

ＮＲＹはミトコンドリアＤＮＡより長い塩基配列を持っているので、長さに比例して突然変異の数も増え、解析する情報の量も大きくなるので、解析はより複雑になりますが、一方で、より精度の高い解析結果が得られると期待できます。このＮＲＹを用いた解析研究は、ミトコンドリアDNAを用いた研究を追いかけて行われ、結果としてミトコンドリアDNA研究で示された主要な地理的な分枝の歴史の結果、人類のアフリカ起源、その後のアジアへの移動とそれから派生する現生人類の分布の状況について裏づけることができたのです。

そして、このようなY染色体から算出された現代人の先祖の年代は、およそ一〇万年前と推定されました。この年代の見積もりからわかることは、一〇万年前に一人の男性だけがいて、ミトコンドリアDNAを基礎とする三〇万年前に一人の女性だけがいたということではなく、今日存在するすべての人間は、そのミトコンドリアが二三万年前に生きていた独身女性のものから由来するということであり、そのNRYが一〇万年前の独身男性のものから由来したということを意味しているのです。

このようなY染色体の解析を、ミトコンドリアDNAの解析や考古学的調査と合わせて考えると、二度目のホモ・サピエンスの出アフリカのシナリオでは、まず、一〇万年前の東アフリカのおよそ一〇〇〇人の人々が、アフリカの外に広がってゆき、人口の拡大を進めます。そして、六万年前から四万年前の間に、二番目の拡大を伴いつつアジアに行き、南はオセアニア、北は中国や日本まで広がり、さらに、アメリカ大陸にも達することになったのです。

こうした現代人の先祖の移動の大きなパターンと年代の理解からだけでなく、NRY上の多くの「多型」を識別することにより、現在の人類集団の系統樹をさらに詳しく描くことができます。

ここで多型について説明しておきましょう。多型は、表現型多型と遺伝的多型に分けられますが、本書では主として遺伝的多型について言及しています。遺伝的多型とは、同じ生物種の集団のうちに遺伝子型の異なる個体が存在すること、またはその異なる遺伝子配列のことをいいます。遺伝的多型には、図に示すように、一塩基多型、マイクロサテライト多型、挿入欠失型多型などがあり、遺伝子解析では、目的に応じてそれぞれの多型が利用されますが、説明の簡略化のために、本書では、以後はすべてを「多型」と表現することにします。

Y染色体の変異のタイプによって、この早い時期に分岐した先祖をA、B、Cタイプのように区分けすることができます。世界中の研究者が協力したY染色体コンソーシアムで開発された現代人の先祖の区分けによれば、AとBの二多型はほとんどがアフリカ人由来であり、その子孫の一部は今でもアフリカの狩猟採集民として暮らしていて、これまでに高い人口密度に達したことがないか、あるいは急激な人口増加率を一度も経験していないと推定されました。これとは対照的に、特定の変異が起きた後に、その変異を持つ集団に集中的にたくさんの分岐が起きているときは、急速な人口増加があったと推論できます。このような人口拡大の例として、多型Fが、七つに分岐して人口の急激な拡大があったこと、さらに後に現れた多型Kが九つの分岐をして人口の急激な拡大をしていたことがわかりました。これらの多型は四万年前に始まっていて、アフリカからアジアへ、そしてアジアからすべての大陸へと拡大していき、世界中の現代人の先祖となったのです。

ミトコンドリアDNAの系統樹は、突然変異率がもっと高いため、Y染色体の系統樹よりさらに分岐が多くなりますが、それを詳しく調べて比較すると、両者は基本的に同じ結論になりました。つまり、最初に分岐した子孫はすべてアフリカに残っていて、両者とも狩猟採集民として非常にゆっくりと増加してきていると考えられますが、両方の系統樹ともに、さらに分岐が起きて、およそ一〇万年前に、アジアへと拡大してゆく子孫が現れたのです。

ミトコンドリアの系統樹では、MタイプとNタイプがアフリカからアジアまで拡大し、南方と北方へと分かれて拡大していきました。NR

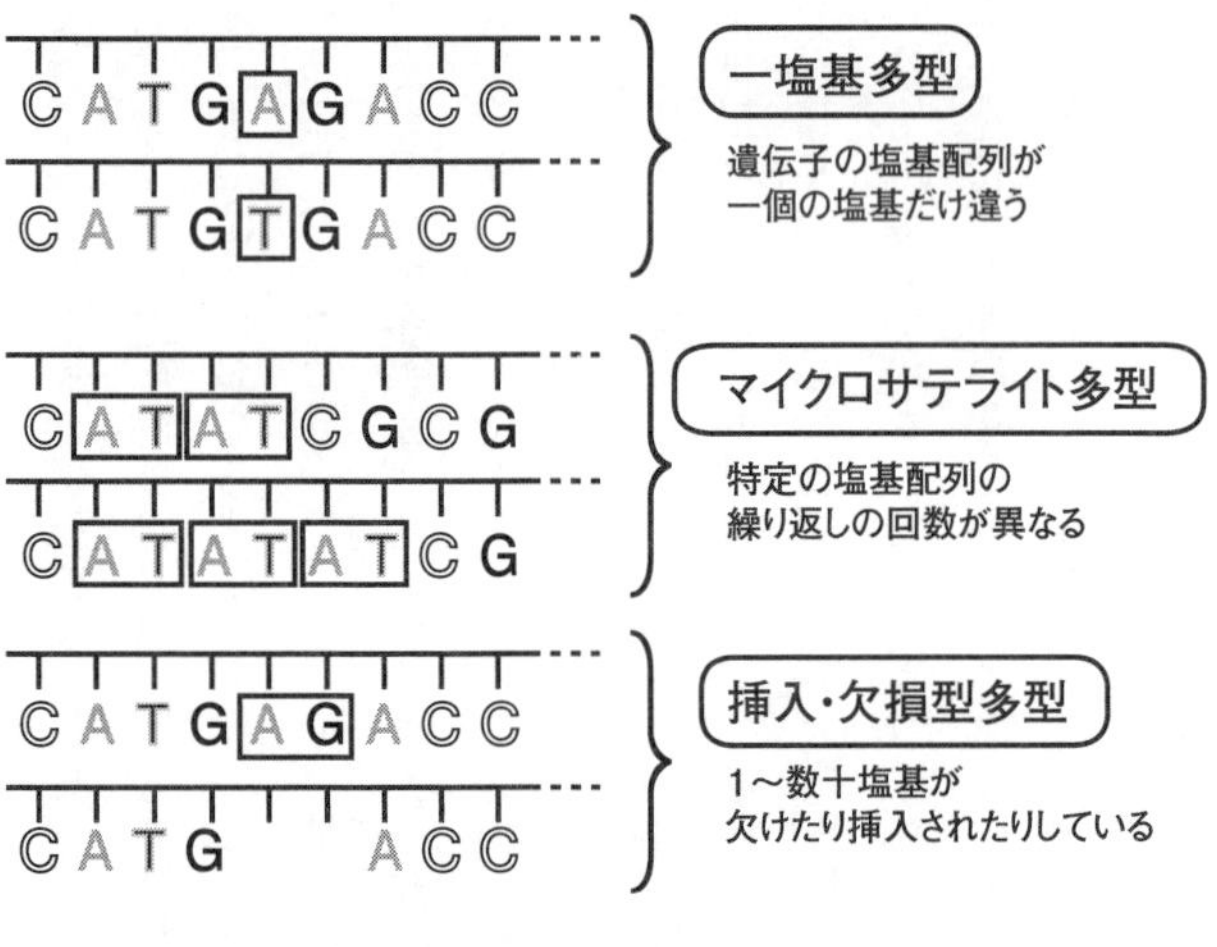


遺伝子多型の種類

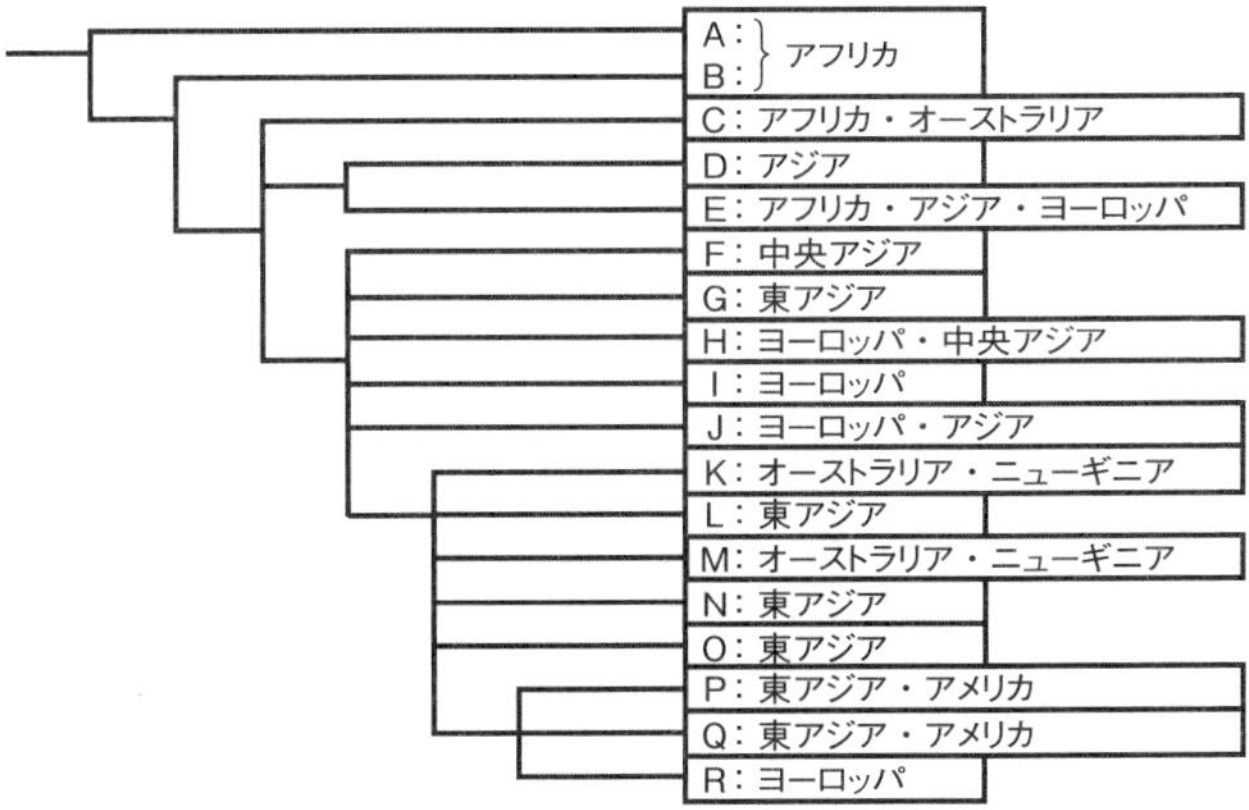


Ｙ染色体による人類の分類と移動の軌跡

Ｙの系統樹では、Ｃ、Ｄ、Ｈ、Ｍ、Ｌなどのグループがまず南方で分岐を始め、遅れて北方で分岐を始めます。その後、ＨとＬはインドに残り、Ｃの一部がオセアニア、モンゴル、シベリアへと拡大してゆき、一部は北西アメリカにまで行っていることがわかります。Ｄは、さらに東南アジアと日本に到達しています。

このような分析方法では、そのタイプ分けを詳しくすればするほど、現代人のより詳しい区分けと、旅の経路を推定できることになります。

たとえば、中国、モンゴル、韓国、日本の人々のＹ染色体マーカーの分析から、東アジアの男性の人口統計学を調査した報告によると、北の人類集団は最終最大氷河期（二万一〇〇〇年前～一万八〇〇〇年前）より前の、三万四〇〇〇年前から二万二〇〇〇年前にすでに拡大を始めていたと考えられます。それに対して、南の集団は一万八〇〇〇年前から一万二〇〇〇年前の間に初めて広がりはじめました。北方の集団が早い時期に拡大したのは、マンモスステップのような豊富な巨大動物の狩猟ができて食糧の確保が安定していたからだと予想されます。

一方、南の集団は、温かく安定な気候が続き、豊富な植物資源が増えたことで食糧供給が安定化する時期になって、はじめて拡大したと考えることができます。このように、ミトコンドリアDNAで描かれた現代人類の出アフリカの歴史は、NRYの解析によって裏づけられ、さらに詳しい移動の歴史と現代人の集団との関係が明らかとなってきたのです。

## 全ゲノム情報解析による出アフリカ説の裏づけ

このように、NRYを用いた解析研究は、ミトコンドリアDNAより解析が複雑ですが、ヒトゲノム情報が解読されて、その精度が上がり、より正しい裏づけが得られるようになりました。このようなタイプ分け作業から、現代人の先祖たちの長い間の移動がどのようにして起きていたのかを知ることもできます。

人類の進化において、移動は、その集団のゲノム変化に深く影響を与えるという意味で重要な要素となります。ほとんどの集団は比較的孤立した状態にありましたが、ある人口集団に、別の集団から世代あたり一人が移民として混じるだけでも、遺伝形質の部分的な変動を起こし、その集団内の人々の「対立遺伝子座」に変化が起きるようになります。

ここで対立遺伝子座について説明しておきます。ヒトをはじめ二倍体の生物は、それぞれの遺伝子座について父母それぞれから由来した二つの対立遺伝子を持っています。両親から同じ種類の遺伝子を引き継いでいる場合、ホモ接合と呼ばれ、異なる種類の遺伝子を引き継いでいる場合、ヘテロ接合と呼ばれます。「対立遺伝子座」は、相同な遺伝子座を占める遺伝子に複数の種類がある場合に、個々の遺伝子のことを特定化した表現です。正常な（本来の）機能をするものを野生型対立遺伝子（座）、突然変異によって生じた変異型対立遺伝子（座）と呼びます。集団の全体、あるいは一部は、時々移動して他の場所に住み着きます。初めは小さい集団でも、次々に分岐して広がった先の新しい集団では、もともとの集団の創設者の対立遺伝子座の占める割合はどんどん変わってしまいます。つまり、人類集団の地域的な移動は、多様性を生み出すのにより多くの機会を与えることになり、その効果は、対立遺伝子座の頻度の人類集団間の変化という形で表現されることになります。

## 連鎖不平衡というゲノム解析法

こうした人類集団の遺伝的変異の変動の姿を、人類集団としての進化の歴史と対応して描くためには、個々の遺伝子やマイクロサテライト、あるいは多型についての詳細な情報を必要とします。通常、このようなゲノムの変化はランダムに起きてしまうと思われるので、異なる場所での変化との間に、進化的な相関関係があるかどうかは統計的に扱う必要があり、連鎖不平衡という解析手段を用います。

連鎖不平衡という現象は、親から子への遺伝の様子を理解すれば、イメージとしてわかりやすいでしょう。ヒトは二三組（二三種類四六本）の染色体を持ち、それぞれは、父方、母方より遺伝したものです。この二三組の染色体は、親から子供に遺伝していくときには、一番染色体は母方由来、二番染色体は父方由来というように、それぞれランダムに父方または母方由来のものが選ばれます。

こうして一番染色体にある情報は母方の形質を受け継ぎ、二番染色体にある情報は父方の情報を受け継ぐこととなり、ある部分は父親似で、ある部分は母親似である子供が生まれる仕組みとなっています。この組み合わせの数は約八〇〇万程度と膨大ですが、地球上の人類すべての数から考えると決して多い数とはいえません。これに加えて、一本の染色体の内部でも母方由来と父方由来の染色体間で組み換えが起きるので、さらに多様性が生じます。

つまり、本来一つの遺伝情報の塊として遺伝していくはずの一つの染色体の情報が、何世代にもわたって、母方と父方の情報がランダムに混じりあって遺伝していくことになり、膨大なバリエーションが起きてしまうのです。

その結果、われわれ一人一人は、同じ親から生まれても、誰一人として自分とまったく同じ遺伝子を持つ人はいないことになります。とはいっても、一方で、共通性を持っている部分も多いので、この共通性を持つ部分を追跡してゆくと、精密な長い歴史の間に起きた遺伝子の変異をもとにした系統樹を描けるのです。このような膨大な変化を処理するためには、コンピューターを用いた統計的処理が必要で、このような分析を「連鎖不平衡」と呼んでいます。

## 地理的に近いと遺伝的にも近い

連鎖不平衡という新しい統計的解析手法を導入することで、人類集団の間をより正確に区分けすることが可能となりました。基本的に、二つの集団の間で連鎖不平衡が強ければ強いほど、それぞれの二つの位置の対立遺伝子座は進化的にお互いに関連していて類似性が高い、あるいは、ともに共通の進化的な選択を受けていた可能性があるということになります。

世界中の人類集団は九グループに分類され、いくつかの常染色体の遺伝子に関するデータの解析から系統樹が組み立てられましたが、地理的に遠いということと、遺伝学的に離れているということは相関関係にあるという結論が導かれました。

一般に、考古学的な証拠からは、初期の人類は一〇万年前ごろから東アフリカを起源として広がり、五～六万年前ごろには同じ起源の人類が全世界に広がっていったと考えられています。

いっぽう、多数の古典的な遺伝子マーカーの分析から、四〜六万年前ごろにはアジア、ヨーロッパ、およびオセアニアに、現代人がたどりついていたと見積もられ、これは考古学的な化石データと一致しています。アメリカ大陸に最初に現れたのは、一万五〇〇〇〜三万五〇〇〇年前と見られています。

先に述べたように、いくつかのミトコンドリアのDNA多型の分析は二つの重要な結論を引き出しました。まず、アフリカ人と非アフリカ人の間には現代人の系統樹における最初の主要な分離があること、そして、現代人のミトコンドリアDNAの解析から算出された先祖との隔たりの時間が一九万年であることです。しかし、この年代の推定は大きな誤差を含んでいたので、さらに正確な解析が必要でした。

## アフリカからの出口は干上がった紅海のみだった

長い人類の旅路の始まりでは、アフリカから外に出るには、当時は一つの移動方向しかありませんでした。先にホモ・エレクトスがアフリカを出たときも同じで、それは紅海だったと推定されています。最大氷期の間には、インド洋と紅海の普段の水の行き来がほとんどなくなるほど海面が下降する時期があり、ホモ・サピエンスが地上に現れてから、この二〇万年の間にこのような出来事は二度あったとされ、そのとき紅海は蒸発していて塩の湖となっていたと思われます。よって、アフリカを出る人類は、簡単に紅海を渡ることができたのでしょう。

アフリカから出ても、砂漠によって妨げられているので、北へ行くことはできず、南に行かなければなりませんでした。結果として、アフリカの中部から出発して、紅海を経て東に向かい、インドへと湾岸をたどり、さらに、より南寄りのルートを通ってオーストラリアの奥地へと進み、あるいは、アジア大陸を湾岸沿いに北東アジアまで進みました。東に向かった後に、方向を転じて西に進み、ヨーロッパに向かった集団もありました。もちろん、アフリカ内部に向かっていった人類集団もありました。

この旅を続けた人類にとって、それぞれの土地でどのようにして食糧を得るかは大きな課題でした。そして、食糧を得ることができなくなった土地から、新しい場所へとさまよい歩く悲惨な話もあったでしょうし、粗末ないかだで鮫のいる海に滑り出て新しい土地を求めざるをえなかったかもしれません。氷河期という想像できないくらいの寒さと闘ったり、火山の噴火による被害を受けたりもしたでしょう。

このように、人類の出アフリカの歴史がその当時の地球の気候と大きく関係していることは容易に想像できます。

古代の人類がこの唯一の旅の経路を辿って現代の地域に広がっていったとする考え方は、古代の気候変動の研究からも支持されています。およそ八万年前に、世界の気候は氷河期を迎えて冷えはじめましたが、それによって海面は下がり、アフリカの大部分を不毛の砂漠に変え、ヨーロッパ地域には極氷冠が押し寄せてきています。まさに、このころ、遺伝学的証拠からの推定では、アフリカに在住していた人類の一部が、アラビア半島に渡り、インドと東南アジアに向かっていったと考えられます。気候変化のゆえに、近東に至る移動経路はサハラ砂漠によって妨げられていたので、唯一の道は東へ向かうものになったのです。

そして、七万五〇〇〇年前ごろには人類はマレーシアに到達し、道具を使っていた痕跡を残していますし、そこから六万年前ごろにはオーストラリアに渡ったと予想させる石器を残しています。

しかし、その後およそ五万年前に地球の気候は再び温暖な方向に移行し、強い季節風がアラビア湾からトルコまで延びた砂漠をいわゆる「肥沃な三日月地帯」へ変換しはじめ、人類が通過できる草原を経てヨーロッパへと向かう道筋ができてきたのです。ヨーロッパへ渡っていった人類は、そこで、何十万年も前にすでにそこに達していたもう一種類の人類であるネアンデルタール人に出会い、その後、一万年間以上大陸を共有していたはずですが、お互い交雑することはありませんでした。そして、なぜかネアンデルタール人だけがその後に絶滅してしまうのです。

人間の長い冒険旅行の最終段階も、再び気候変動によって引き起こされました。二万年前から二万五〇〇〇年前には、現在のシベリアとアラスカを接続する極氷冠に陸の橋ができ、人類はそこを渡っていったのです。シベリアやアジアの人々と共通の遺伝子を持つ古代人類は、その後アメリカ大陸全体に広がってゆきました。ペンシルバニアでは、一万六〇〇〇年前の石の道具が発見されています。

## アフリカから出ていく動機

このように、現代人がアフリカを出ていった証拠はそろったといえますが、では彼らはなぜアフリカを出たのでしょうか？

彼らが狩猟採集民として生活していれば、獲物の動物を追いかけ、貝類や魚を探し、さらには草原や森林の恵みを求めて移動するのは当然のことであり、結果として世界中に広がるような旅に出たのだと考えることができます。また、生活が可能な気候条件の変化がその動機となったことも考えられます。しかし、最近の南アフリカの遺跡の調査から、この時代の現代人は、ある種の技術革新と社会的な組織体制をすでに持っていたのではないかという調査結果が報告されました。

アフリカ南部のさまざまな気候帯および生態域に広がる遺跡九カ所で発掘した遺物の年代を単一の方法を用いて系統的に調べた結果、これら地域の文化が繁栄したのは人類が周辺に分散していった八万〜六万年前という重要な時期にちょうど当てはまることがわかったのです。

この遺物の中には、記号や装飾品を用いていた証拠もあり、人工的遺物やこれを作る道具も出土しています。しかもその繁栄の期間は、およそ五〇〇〇年というごく短いものであり、この遺物群の出現は既知のどの気候変化にも連動していないと考えられ、これら技術革新の急激な広がりは環境的要因では説明できないということもわかりました。

このような結果から研究者たちは、アフリカから出て世界中に分散していったのは、狩猟採集の必要や気候変動などの理由ではなく、こうした技術革新と社会的な組織体制がアフリカを出る大きな動機になっていたのではないか、つまり、意図した旅であったかもしれないという推定もなされるようになりました。

一部族ぐらいの集団による意図した出発といえば、旧約聖書の「出エジプト記」を描いた映画『十戒』を想起させます。そこでは、部族を引き連れたモーゼが、エジプトのラメセスの追手が迫るなか、海（紅海）を前にして神に祈ると、海の水が割れて海底が現れ、部族が海峡を渡り終えると海が再び閉じてラメセスの軍隊が海に呑まれるというクライマックスシーンがありますが、この光景は、現代人の祖先がアフリカを出てゆく稀有な気象条件と、出てゆかなければならなかった動機をよく表現しているのかもしれません。

## 現代アフリカ人の遺伝的多様性

アフリカは世界中の現代人の出生地であるので、最も長い二〇万年もの間、人類はアフリカで生きてきたことになります。そして、アフリカを脱出しなかった集団はそのままアフリカ大陸にとどまり、一度脱出してまたアフリカに戻ってきた集団も加えて現在にいたっているのですが、アフリカを脱出して他地域に移った集団が、その後の人口拡大など多様なボトルネックを受けたのと比べると、アフリカ人はそれぞれの集団の大幅な人口拡大がなかったため、他の地域の集団に比べて、そのゲノムにより多くの変異が蓄積して多様性が増加することになりました。

ボトルネック（効果）とは、集団遺伝学の用語で、細いびんの首から少数のものを取り出すときには、元の割合から見ると特殊なものが得られる確率が高くなるという原理から命名されたといいます。生物集団の個体数が激減することにより生き残った一握りの人々の子孫が再び繁殖することにより、遺伝子頻度が元とは異なるが、より均一性の高い（遺伝的多様性の低い）集団ができることをいいます。

ボトルネック効果と同じ原理で、個体群のごく一部のみが隔離され、その子孫が繁殖した場合に同様の集団ができ、最初に隔離された少数の個体（創始者）の遺伝子型が引き継がれる場合は、創始者効果と呼びます。

これまで、アフリカ人の遺伝子のパターンについては、アフリカ系アメリカ人についての遺伝学研究は多いのですが、アフリカ在住のさまざまな人々のゲノムに関するデータは少ないので、真のアフリカ人のゲノムの豊かさについては、ほとんど知られていませんでした。実際には、アフリカには多様なグループがあり、お互いにかなり遠縁なのですが、その遺伝学的研究は完全に無視されていたといってもよいくらい不十分なものでした。

最近、アフリカ在住のアフリカ人集団についての、国際チームによるゲノム分析結果が報告されました。この研究では、一一三の人口集団から三一九四人の血液を採取し、そのＤＮＡ分析を行いました。また、九八人のアフリカ系アメリカ人、二一人のイエメン人、および世界中からの九五二人の個人とアフリカ人のマーカーを比べ、さまざまな統計的手法を使用して、お互いを密接に関係づけたクラスターに分類しました。その結果、アフリカ人には一四の祖先集団があることがわかりました。

たとえば、アフリカのすべての狩猟採集民と、赤道付近の熱帯雨林に住む、とくに身長の低いピグミーの特徴を持つ狩猟採集民族は、三万五〇〇〇年前に先祖を共有していました。具体的には、アフリカ中の多くの地域の狩猟採集民（タンザニアのサンダウェ族とハツア族など）と南アフリカのコイサン語族が先祖を共有していて、この三つのグループは、ともに「クリック」という吸着音言語を話します。そして、クリックスピーカーと他の狩猟採集民は、三万五〇〇〇年以上前に狩猟採集民の先祖となったグループの子孫から分岐したと推定されました。アフリカのピグミーは独自の言語は持たず、周辺のピグミー以外の言語（バンツー語など）を話していますので、起源を異にするように思われますが、遺伝子的にはピグミーもクリックスピーカーと同じクラスターに入るため、元々はクリックスピーカーであったのではないかとの推論もなされています。

　また、現在東アフリカに在住している集団は、すでに述べたように、他の大陸の国々に大移動していった集団と同じ祖先から由来していることも確認されました。

　さらに、米国の四つの州のアフリカ系アメリカ人の遺伝子型と比較すると、アフリカからの奴隷の大移動では、七一％が西アフリカから、八％がアフリカの他の地域から、そして、一三％がヨーロッパから移動してきたことがわかりました。

　民族、文化、言語などで区分けされていたアフリカの人々の違いが、実際の遺伝的な差異を反映するクラスターと関連していることがはっきりと示されたいま、文明の発展と人々の遺伝的背景を関係づけて考察することが重要になってきたと思われます。またアフリカ系アメリカ人はひとくくりの起源で考えることはできないので、疾病遺伝子を研究するときには、こうした遺伝的背景を考慮しなければならないと思われます。エイズ、マラリア、結核など、生命に危険を及ぼす病気に対処するための医学研究では、アフリカ人の遺伝的多様性が病気に対する抵抗性や医薬品への感受性などに、どのように影響を及ぼすかをよく考慮することが大切となってくるでしょう。

## アフリカからの旅が現代人の遺伝子に影響を与えた

現代人の先祖がアフリカを脱出してからの長い旅の歴史は現代人の遺伝子にどのような影響を及ぼしたのでしょうか。長い旅の歴史の間に環境条件が大きく違う場所に移動していったこと、特定の遺伝子変異の選択などを通して、ある集団のみが繁栄したことによるボトルネック効果が起きて、ある遺伝的な特性が現代人の中で強調されてしまうことが予想されます。

文明諸国で、高血圧を発症しやすい遺伝的な性質(高血圧感受性)を持っている人の割合は高いといいます。ある見積もりでは、アメリカに住んでいる中年以上の人々の九〇%が高血圧になる可能性を持っていると予想しています。

一つの大きな可能性として、現在の人々の高血圧感受性はヒトの先祖の遺伝形質に由来するものであり、この特徴的な遺伝形質を持った先祖が、アフリカから移動し、地球全体に拡散していく間に選択圧を受けた結果であると推定されています。

血液の塩分や水分を維持する能力、血管の反応性など、高血圧感受性のキイとなるような性質は、人類の先祖が住んでいた高温多湿で、しかも食塩摂取が不足しがちなアフリカ大陸の環境に適応していたものであったかもしれません。また、高温の環境では水分の蒸発は体熱を下げるのに最も効果的に働いています。実際、人間には、一時間に二リットルもの汗をかくという優れた能力があります。しかし、汗をかくことは、同時に多量の塩分と水分を体から失うことになります。

熱帯地域の気候では、このような激しい水分と塩分の消失に対応して、塩分の維持と、腎臓でのナトリウム貯留が十分できることが生存に有利であると考えられます。この仮説を支持して、熱帯地域に住むヒトや霊長類は、塩分や水分の維持能力が高いことが示されています。熱を逃がすために汗をかくことは、結果として、高温にさらされている昼間の体液量を減少させてしまうことになり、血液の容量は減少することになるので、体の全組織へ血液を十分送るためには、心収縮を高め、動脈圧を高めることより、血圧を維持することが必要となります。それゆえ、動脈と心臓の収縮性を高めるような遺伝的形質は、古代人の進化においては、住んでいた自然環境のうえから生存のために有利であったのです。

一〇万年をかけて、人類は、アフリカという熱帯地域からより寒い地域へ移動してきました。そのため、重要な熱学的な要件として、体熱を消散するのでなく、それを維持する方向に転換してゆくことになります。塩分と水分を維持する高い能力や高い心臓血管活動は、下がる方向に転じたと考えられます。その結果、より寒い領域に適合させられた人々は、血管の反応力と塩分維持能力を減少させました。そして、実際に熱帯地域の人々より、高温に対してより強い反応を示し、多くの汗をかくようになりました。このような生理学的な違いは、アフリカからの人類の拡散により、それぞれの地域的な環境変化という選択圧への対応の結果生じたものであるかもしれません。

このような仮説に対応して、最近、その影響が血圧調節に関係する二つの遺伝子の進化的な選択が起きたのではないかと思われる証拠が提示されました。アンギオテンシノゲン遺伝子とチトクロムＰ４５０３Ａ５という遺伝子には、塩分調節と血圧に影響を及ぼす機能的な対立遺伝子座の多型が存在しますが、この両方の遺伝子で、塩分を増加させるような対立遺伝子座は、赤道の近くに住む人々の主要なものとなっており、対照的に、塩分を減少させるような対立遺伝子座は、アフリカ以外の場所で頻度が高くなっているというのです。

このような高血圧の感受性の違いが遺伝子の進化的な選択のために起きたのであれば、もっと他の血圧調節に関係する遺伝子も進化的な選択圧を受けている可能性があります。

そこで、血圧調節と心臓血管系の活動に関係する五つの遺伝子を選び、この中で機能的な対立遺伝子座を特定し、これら遺伝子座と生態因子と高血圧の感受性の関係を調べました。すると、このような仮説と一致して、血圧調節にかかわる五つの遺伝子の中の七個の機能的な対立遺伝子座について、世界中の多様な地域の人々の血圧感受性の多様性が、緯度、温度、降雨などのような生態系の変数と関連した熱への適合力で説明できることがわかりました。

一方、対象として調べた血圧調節の機能に関係ないマーカー遺伝子では、熱への適合力における緯度勾配は関係がありませんでした。さらに、緯度とこれら対立遺伝子座の多型の一つが、血圧の世界的な多様性に対応していることもわかりました。

このように、現在のヒトの高血圧への高い感受性は先祖由来のものであり、高血圧への感受性の違いは、人類がアフリカから移動して地球上に拡大してゆく間の選択圧への暴露の度合いによって決まったことを証明されたといえます。

増加する塩分調節と心臓血管活動に加えて、熱を消散するために表面積を増やすことは、蒸発熱の消散に有効に働きます。緯度による比較生理学的な研究からは、赤道など暑い地域の人々は、体表面積の容積に対する比率を最大にして熱の消散を容易にし、寒い地域の人々はこの比率を最小にして、熱を保存するのに役立てると考えられています。

このような気候への生理学的な適合の速さは、過去三万年の間にヨーロッパに起こった体形における変化によっても例証されています。すなわち、最終氷期極大期の前にサバンナに適合した赤道地域の人々が持っていた体型は、その後にヨーロッパに移動して拡大していった二万年の間に、高緯度の人々の体型に変わっています。

最近、人間のミトコンドリア遺伝子の緯度による遺伝子進化の選択の証拠も報告されています。この変化は酸化的リン酸化経路を介して細胞の熱産生の効率に関係していて、結果として、外部の温度への重要な適合に影響を及ぼした可能性があります。

現代人の高血圧への特異な感受性は、先祖の人類が、アフリカを出てから地球上に拡大してゆく間の生態の選択の結果を残してしまったものです。このように、自然選択は、人類の遺伝子を環境に合わせるように働いたのです。

## 現代人の中に「人種」は存在しない

世界中の人類集団を、人種、あるいは民族という言葉で区別して表現することがあります。人種（race）とは、形態的特徴を参考にしてヒトを分類したもので、本来、生物学的には、ヒト属をホモ・サピエンス（現生人類）、ホモ・ネアンデルターレンシス（ネアンデルタール人）、ホモ・エレクトス・ペキネンシス（北京原人）などのように分類するので、現代人はすべてがホモ・サピエンスという一つの人種に分類されることになります。

人種とは、このような種（species）ではなく、他の生物における地域個体群や亜種と同様の用いられ方をしていると考えることもできますが、実際には、人種という言葉は、自らとは異なる人類集団に対して、形質的な差異、たとえば肌の色や顔立ちなどで差別化することで、

「白人種」、「黒人種」、「アジア人種」などのような人種観念ができたといえます。

生物学者や遺伝学者は、いわゆる「人種」という概念を使うことはありません。それは、人種という概念は、近代西洋の価値観に根ざしていることが暴露され、人種差別のように望ましくない言葉となっていることも一つの原因ですが、遺伝学的多様性のうえから区分けできる集団と、現在用いられている、「人種」の区分けとはまったく関係ないことが主な理由です。

民族とは、一定の文化的特徴を基準として他と区別される共同体をいい、土地、血縁関係、言語の共有（国語）や、宗教、伝承、社会組織などがその基準となっていますが、多くの場合、国家や政治的共同体の色の濃いnationという概念と、同一の文化習俗を有する集団として認識されるethnic groupの概念とが混在している言葉です。

本書で述べてきたように、ethnic groupの概念は、遺伝学的な人類集団の区分けとかなりよく対応している部分も多く認められています。

## 気候の変動でやってきた日本人

旧石器時代も約二万年前に近づくと、地球の自転軸の変化と公転軌道の変化が強く作用して、太陽系の三つの大きな周期が間に入り、そのことによって、夏の間北半球に届く太陽熱が最小になったのです。そのため気候は寒冷化し、三万年から五万年前の間までの特徴であった短く暖かい期間である亜間氷期の繰り返しが止まってしまいました。この時期は地球の歴史の中で最も最近の氷河期であり、その最盛期は最終最大氷結期と呼ばれています。

それまでの亜間氷期の暖かい期間とその時期の夏の日差しは、氷期に北方地帯で蓄積した氷を溶かしていましたが、この時期になると氷床は再び北で拡大しはじめ、大量の水が陸上に固定されて海水面が低くなりました。

当時、北米（ローレンタイド氷床）やヨーロッパ北部（フェノスカンジア氷床）は巨大な氷床に覆われ、これらの氷床の厚さは中心部で三キロメートルを超えていたと思われます。一方で、海水面は再び下がりはじめ、実に一三〇メートルも下降することになったと考えられます。この最終最大氷結期が起こした地球の変動は、人類だけでなくすべての生態系に大きな変化をもたらし、それ以後見られないほど大きな規模で北の人類集団の住める場所を奪い、結果としてその集団を崩壊させるか、別の場所に移動させることになったのです。

しかし、この気候の変化は、人類の住める土地を奪ったままではありませんでした。逆に、凍結して住めなくなった土地以上に、海水面の低下が新たに植民できる土地を大きく広げるという効果もあったのです。

実際、この時期には、インドからシベリアまでのアジアの海岸線の広い部分が、何百キロメートルにもわたって大陸棚のへりまで広がっています。東シナ海と黄海は干上がって、日本はサハリン島を通してアジア大陸とつながり、瀬戸内海は陸化していました。そして、これらの北の沿岸地域は中央アジアのステップより暖かく、住みやすい環境を提供することになりました。

オーストラリアとニューギニアもつながり、サフル大陸と呼ばれる新しい大陸ができました。また、東南アジアの地域もつながってインドの二倍の広さをもつスンダランドという森林とサバンナが寄せ集まった広大な新大陸ができあがったのです。一方、氷床が増大したことで、シベリアとアラスカが地続きになり、人類は足をぬらすことなく、初めてアメリカ大陸に足を踏み入れることができるようになったのです。

このような地球上の大きな気候の変化と、それに伴う地理的変化は、人間の時間軸と比べると速やかに進んだわけではありませんが、それぞれの地域の人類集団には、徐々に影響を及ぼしました。実際に人類がアメリカ大陸に渡ったのは、アジアでの居住条件が悪くなった氷河形成の最終段階であったと考えられています。

このような新たな地球上の条件の変化にしたがって、モンゴロイド系狩猟採集民は、長大な太平洋沿岸地域と大陸内の大河に沿って内陸へと、遠心性の分散を始めてゆくことになりますが、北中国、韓国、日本、そしてスンダランドには、温帯と亜熱帯の低地からなる新たな海岸地帯が形成されており、中央アジアのステップから逃れてきた人類が自由に拡大していったと思われます。

このような人類の移動では、必ずしもそこにすでに住んでいた海岸採集民などと速やかに入れ替わったわけではなく、まずさまざまな集落があちこちにできあがり、それが長い間続いてから、お互いに混じり合ったのであろうと考えられています。最終最大氷結期が去って氷が溶けて海が戻ってくると、このような沿岸地域の考古学的証拠はかき消されてしまうのですが、地理的に上昇した海面によって孤立した日本列島のような場所では、氷河期以前の海岸採集民の足跡を現在の遺伝子に残している可能性があります。

## 日本人は二つの系統がある

現代の日本人の起源についてはこれまでいくつかの仮説がありましたが、仮説は交配と変化の二つに大別されます。変化仮説では、主として化石などの考古学的、形態学的証拠から、縄文人が現代の日本人を形成するために徐々に彼らの形態学的な特性を変えていったと推定しています。一方、交配仮説では、現代の日本人は異なった移民の母集団の間の混合の結果であり、新たな移住者と前から在住していた縄文人との混合の結果であると主張します。現在では、遺伝子の追跡などから、交配仮説が正しいと考えられています。

歴史的な日本文化は、アジア大陸に住んでいた少なくとも二つの異なる歴史的な移動から発展しました。まず、狩猟採集民が、アジア大陸と現在の日本の間の陸橋が水没してしまう前に渡ってきて、縄文文化を起こしたと考えられます。そして、およそ二三〇〇年前には、弥生の移住者群が、韓国からの水耕の米農業をもたらしたと考えられます。では、この二回の移動の歴史は現代の日本人の遺伝子型にどのように残っているのでしょうか。

## 一万年以上前に日本に来ていた縄文人

日本には、本州、四国、九州に住んでいる日本人の集団と異なるように見える二つのグループ、すなわち沖縄に住む琉球人と、北海道に住むアイヌ人がいます。この二つのグループは新石器時代の土着民の現代の子孫であるとする共通認識があります。

実際、モンゴロイド系が大陸から到着する前に、残存する海によって孤立していたとみられる先住民族の代表例が北海道のアイヌ人です。アイヌ人は、一万二〇〇〇年前ごろに世界で最も早くつぼを作ったといわれている縄文人の子孫です。これは沖縄で見つかった一万六〇〇〇年から一万八〇〇〇年前と推定される港川一号頭蓋の化石が、現代アイヌ人と類似しているという考古学的知見とも一致しています。また、アイヌ人は、最も古い出アフリカ海岸採集民系統の一つであり、他のアジア地域では珍しいＹＡＰ＋という男系の遺伝子型を持っていますし、沖縄でも、ＹＡＰ＋型を持つ人の割合が五五％を占めていますので、両者が同じ先祖を持っていることは確かのようです。

## あとで大陸から渡ってきた弥生人との混じり合い

日本人の起源を遺伝子型から追跡する方法としては、先に述べたミトコンドリアによる母系遺伝子型と、Ｙ染色体の多型を用いて男系の遺伝型を追跡する方法とがありますが、ともに同じ結論が導かれています。

本土の日本人、琉球人、アイヌ人、朝鮮人、および中国人の五つの東アジア人集団のミトコンドリアＤＮＡ配列の変化の分析から、本土の日本人の五〇％は、大陸の中国人か朝鮮人に由来しており、この日本人の遺伝子のおよそ六五％は弥生時代以後に大陸から移動してきた人々が持っていた遺伝子から流れ込んだものであることがわかりました。さらに、世界中の民族との遺伝子上の類似性からは、本土日本人は朝鮮人と最も近いことがわかりました。

一方、琉球人とアイヌ人は二〇％以下しか大陸由来ではありませんでした。琉球人とアイヌ人は遺伝的に高い類似性を示していますが、弥生時代の大陸からの人々の移動があったときには、お互いに異なる集団として存在していたと考えられます。

日本に移動してきた縄文人と弥生人それぞれの遺伝形質が、現代の日本人にどのような割合で残っているかについて、三九のアジア地域の二五〇〇人の男性のＹ染色体の多型の分析が行われました。その結果、日本人の区分けは、二つの大きな集団と、二の小さい集団によって特徴づけられました。

大きな集団のうち、多型Dを持つ人は三四・七％で、日本列島では北方のアイヌ人と南方の琉球人に最も高い頻度を示します。対照的に、多型Oをもつ人は五一・八％で、日本列島の中央部に多く、九州でも高い頻度になっています。Y染色体の短い繰り返し配列の多様性の全体的な分析から、Dタイプは日本列島でおよそ二万年前に、人口拡大を始めています。一方、Oタイプは、およそ四〇〇〇年前に拡大を始めています。このような二つの異なる人口拡大が別々に起こり、その後、お互いの交雑が起きて、現代の日本人まで至ったのです。

## 日本へはどうやって到達したのか？

Y染色体で男系の足跡をたどると、出アフリカ以後の古代人類が、少なくとも三つの先祖が日本に渡ってきたことがわかります。まず、RPS4Yという型を持つ先祖は、インド洋沿岸に沿って南東に進み、東インドネシア、オーストラリア、ニューギニアの最初の男系の先祖となりました。そして、その海岸採集民はそこにとどまっただけでなく、太平洋沿岸を北上して、日本と朝鮮に来て最初の植民となったと考えられます。その途中で、子孫たちは北東アジア一帯に広がり、さらに西のモンゴルや中央アジアへと入ってゆくことになり、さらにアメリカ大陸にまで渡ることにもなるのです。

また、別の先祖であるＹＡＰ＋型は、沿岸の道を進み、台湾と日本へと進みましたが、朝鮮より北へは行かなかったと推定されています。この子孫はインドでは見つかっていないのですが、ロシア、アルタイへは広がっています。インドで見つからない理由としては、七万四〇〇〇年前のトバ火山の大噴火で絶滅したのだと考えられています。

さらに、もう一つの系統の中のＯグループは、東アジアと東南アジアだけで見つかるので、アジアに特徴的な遺伝子型となっています。この系統はビルマ付近で生まれたと推定されていて、その後三つの方向へ分かれて拡大してゆきましたが、そのひとつが中国の沿岸を北上し、途中台湾へも行き、さらに日本、朝鮮に来たとされています。

これらの結果は、日本へのルートとして、縄文人の先祖は中央アジアから移動してきて、弥生人の先祖は東南アジアから移動してきた、という従来の仮説が正しいことを支持しています。

最近、日本、中国、シンガポールなど一〇カ国の研究者の共同研究で、アジア太平洋地域の約七〇の民族や集団の二〇〇〇人を対象にした遺伝子多型を用いた比較研究が報告されました。それにより、この地域の人々の祖先が、アフリカからインドを通って東南アジアに入り、その後、大陸を移動したり、東アジアや北アジアに移動したり、南の諸島に渡ったという移動の経路がより詳しく証明されました。そして、インドから東南アジア、中国、朝鮮、日本へと枝分かれしてゆく遺伝学的な系統樹が、より高い精度で描けるようになり、それが言語学や地理学上、あるいは民族学上の関係とよく対応していることもわかりました。このようなゲノム解析を進めてゆけば、さらに各地域の集団の起源や分岐した詳しい年代の推定も可能になってゆくでしょう。

## ネアンデルタール人と現代人は交雑しなかったか？

現代人が進化の過程で、どの程度、ほかの原始人類と交雑して遺伝子の混合を起こしたか、それが適者生存を通して進化的に意義を持つような出来事となったかは重要な問題です。しかし、たとえ原始人類の遺伝子の混合があったとしても、その後の長い進化過程での遺伝的浮動などがあり、そのレベルは低くなってしまっていて、解析上突き止められないと思われます。しかし、もしその遺伝子が強い正の選択を受けることがあったとすれば、最終的にその形跡が残っているはずです。

後で説明する脳の大きさを制御するミクロセファリン遺伝子の研究で、このような原始人類の遺伝子の混合があったらしいという結果が報告されています。

現代人のこの遺伝子のＤ多型と呼ばれる遺伝子型は、三万七〇〇〇年前に一人の遺伝子変異として出現したと推定されていて、この変異を持った個体は、その後の進化を通して強い正の選択があったために、今日の世界中の人々の七〇％までに達するという例外的に高い頻度で進化してきたというのです。

そして、このD多型の進化的な起源を、多型間の分岐テストという解析方法で調べると、一一〇万年前に現代人と分岐していたはずの他の人類から由来したもので、三万七〇〇〇年前までに混合が起きていたと推定されました。

つまり、一一〇万年間前に、現代人に通ずるホモ属の二つ家系があり、お互いに交雑がまったく起きない状況にありながら、独立に進化を続けてきましたが、その間に、一方の現代人に通じる家系は非D型多型が固定化され、もう片方の現代人に通じない家系でD多型が固定化されてゆきました。そして、三万七〇〇〇年前ごろに、たまたま両家系の間で交雑が起きたのでしょう。それによって、D多型が現代人の先祖の家系に取り込まれ、D多型を持つことによって、この家系だけがその後の進化過程で優位を保ち、世界の大部分で例外的に高い頻度に広まったのに対し、他方の家系は絶滅してしまったという物語になります。このD多型がどのような進化的優位性を持っていたのかはもちろんわかっていません。

さて、現代人に一番近い人類は、ネアンデルタール人で、ドイツのデュッセルドルフの近くのネアンダー・バレーでおよそ一八〇年前に化石が発見されています。

さらに、現代人とネアンデルタール人は三万年前ごろには同じ地域で共存していたという事実から、ヨーロッパに住む人々は、自分の住む地域の古代の友人であったかもしれないネアンデルタール人にはとくに大きな親近感があるようです。

考古学的な調査からは直接的な交流があるという証拠はないものの、遺伝学的には交雑の証拠を見つけられるかもしれないという期待が持たれてきましたが、以前はそれを調べるすべはありませんでした。

## ネアンデルタール人の化石から全ゲノム情報を解読できる

最近の遺伝子追跡研究では、化石に痕跡程度残っている原始新人類のＤＮＡの一部の情報を、ＰＣＲ法を駆使して読み取ることが可能となってきました。多くの原始人類の化石はアフリカ大陸のような暑い地域で発見されていますが、当然腐敗が進み、ＤＮＡはまったく残されてはいません。しかし、北方地域で発見されたネアンデルタール人の化石は保存状態もよく、わずかにＤＮＡも残っていたのです。そこで、ネアンデルタール人の化石のＤＮＡの情報を読み取り、現代人と共通性があるかどうか調べることが可能となりました。

このような分析を始めたのは、ドイツのマックス・プランク研究所のサバンテ・ペーボ博士です。ストックホルムに生まれた彼は、小さいときに母親に連れられてエジプトに二度も旅行し、ミイラに魅せられて、研究者になるとミイラのＤＮＡの解析を始めます。そして、ＤＮＡの情報解析技術の向上を行いつつ、化石のＤＮＡ情報の解読を始めていて、ネアンデルタール人の全ゲノムを解読するという新しい研究チームを発足させ、そのリーダーとして近いうちに解読が完了できるといっています。

彼らは、クロアチアで発掘された三万八〇〇〇年前のネアンデルタール人の骨にとりかかりました。まず、化石から抽出した微量のＤＮＡを、バクテリア中で増殖させて「ＤＮＡライブラリー」を作成します。そして、個別のＤＮＡ断片から塩基配列を決定したのです。これにより目的のゲノム領域あるいは塩基配列を容易に研究することができるようになりました。

こうしてネアンデルタール人の化石から得られたＤＮＡの塩基配列情報は、現代人のＤＮＡがまったく混在していないものであり、ネアンデルタール人に特異的な遺伝子情報であることが明らかになっています。現生人類とネアンデルタール人の最新の共通の祖先は約七〇万六〇〇〇年前から生存していて、約三七万年前までに二つの種へと分岐しました。ネアンデルタール人と現生人類のゲノムは九九・五％以上一致していますが、ネアンデルタール人と現生人類が交雑したことを示す遺伝子上の形跡はまったくなかったと結論しています。

ネアンデルタール人の化石のミトコンドリアＤＮＡの配列解析からも、現代人の祖先がネアンデルタール人と交雑した証拠はないという結論に達しています。そして、ネアンデルタール人のミトコンドリアＤＮＡの塩基配列は、現代人の間に認められる多様性の範囲を明確に超えており、ネアンデルタール人と現代人は、六六万プラスマイナス一四万年前に分岐したことを示す結果となり、染色体ゲノムから計算した約七〇万六〇〇〇年とよく一致していました。

とくに興味ある点は、ミトコンドリアＤＮＡがコードする一三のタンパク質遺伝子の分析から、非同義対同義の進化速度の比率がネアンデルタール人ではかなり高いことです。非同義対同義については後で説明しますが、これはネアンデルタール人は、よりわずかな有効集団サイズであったために、負の選択が現代人よりも強く起きたことを意味しています。負の選択とは、集団に有害遺伝子が出現すると、これを持った個体の生存力や子孫を生み出す力が低下し、この遺伝子が集団から除去される選択を意味します。具体的にどのような有害遺伝子が生じたかはまったくわかりませんが、現代人と共存していたネアンデルタール人が、忽然と地球上から消えてしまった原因なのかもしれません。

今後、ネアンデルタール人の全ゲノム情報が解読されれば、わくわくするようなネアンデルタール人の生きざまが明らかになってくるでしょう。

## 男系の遺伝子と歴史物語

さて、ミトコンドリアＤＮＡによる母系の解析と、ＮＲＹによる男系の解析では細部で興味深い違いがあります。

母親が持つ子供の数は、母親ごとに大きな違いがないのに対して、父親が持つ子供の数は一様ではなく、一部の男たちはほかの男たちよりのかなり多くの子供の父となることが可能です。その結果、多くの男系が女系より早く途絶え、一方で少数の男系遺伝子系統が多く残る傾向があります。このことが歴史上の人物と関係していたりして、思わぬ面白い展開になることがあります。

### 中央アジアの男性一六〇〇万人がチンギス・ハーンの末裔

チンギス・ハーンは歴史において偉大な戦士であっただけではなく、巨大な遺伝子の足跡をも残していることが、最近の国際的な研究グループによって明らかにされました。アジアのかなりの地域の男性の遺伝子分布を調べ、八％という多くの男性のＹ染色体中に衝撃的な遺伝的類似性を見つけました。

この類似性の頻度と変化から、研究者は、Y染色体のこの特定の型が、およそ一〇〇〇年前の中央アジアにその起源があることを突き止めました。そしてこの時期にこの地域に影響を及ぼした男性として、チンギス・ハーンこそ、この遺伝子型を広めた候補者であると推定したのです。

Y染色体は父親から息子へと伝搬するので、その分析結果は直接男系の子孫の系図を描くことができます。研究者たちは、現在の中央アジアに在住する二一二三名の男性のY染色体の多様性を調べました。そして、驚くべきことに、調査した人々のなんと八%に当たる人々が同じ多型のY染色体を持っていることがわかったのです。このデータからは、アフガニスタンと北東中国に至る地域のおよそ一六〇〇万人の男性が、ただ一人の家長から由来する家系に属しているということになるのです。

このように高い頻度の遺伝形質の伝搬は、通常の自然選択や偶然では説明できないことであり、何らかの特定の社会的制約や歴史的な出来事があったとしか考えられません。

チンギス・ハーンは、一一六二年から一二二七年に生存していたので、このような条件を備えた歴史上の人物といえるでしょう。また、この解析でマーカーとされた遺伝子は、突然変異頻度にもとづく推計計算により、このマーカー保持者であるチンギス・ハーンの数世代前以内に突然変異によって生じた遺伝子である可能性が高いということです。モンゴル部族で最初のハーンとなったのはカブル・ハーンで、チンギス・ハーンの父イェスゲイ・バアトルはカブル・ハーンの孫であるので、このあたりの人物のY染色体マーカーの突然変異が起きたことになるのでしょう。

モンゴル帝国が成立したあと、チンギス・ハーンとその弟たちの子孫は、「黄金の氏族」と呼ばれ、一般の貴族たちよりもいっそう上に君主として君臨する社会集団になったのです。チンギス・ハーンは遊牧民の出身ですが、遊牧民はもともと固有の男系血統原理を持っていたので、チンギスの男系子孫しかハーンに即位することができないとする原則が広く受け入れられ、一三世紀の後半に、その末裔たちが広大なモンゴル帝国のあちこちで、いろいろな政権を形成していくときもこの原則が貫かれ、チンギスの後裔が尊ばれました。

この原理はその後も中央ユーラシアの各地に長く残り、モンゴルやカザフでは、二〇世紀の初頭まで貴族階層のほとんどがチンギス・ハーンの男系子孫によって占められていたほどです。さらに、非チンギス系の貴族たちも代々チンギス・ハーン家の娘と通婚したので、多くの遊牧民は女系を通じてチンギス・ハーンの血を引いていたと考えられ、さらに、チンギス・ハーンの女系子孫はロシア貴族とヨーロッパ貴族との通婚を通じてヨーロッパにまで及んでいるということです。このような歴史的背景を考慮すると、チンギス・ハーンのY染色体を引き継いでいる男系の子孫が一六〇〇万人にのぼるという調査報告は妥当であるように思われます。

## 清朝の末裔

似たようなことが、中国の清朝の子孫にも認められています。

北東中国とモンゴルで異常に高い頻度で特定のＹ染色体多型を持つ家系を特定したという報告があります。Ｙ染色体中の短い繰り返し配列を持つ一五の多型で特定されるクラスターを持つ人々の割合が、実に東アジアの三・三％の男性に及んでおり、主としてモンゴル人と六つの中国の少数民族で検出されました。この家系の最新の一般的な先祖は五九〇プラスマイナス三四〇年前に生存していたと推定されました。

このような家系として思い当たるのは清王朝の貴族です。清朝は一六三六年に満州において建国され、一六四四年から一九一二年まで中国を支配した最後の統一王朝ですが、中国、清朝初代の皇帝であるヌルハチ（一五五九〜一六二六）の祖父である覚昌安から父系の出身を共有している特権階級の男系子孫がこの地域に拡がったものと推定されます。

## アイルランド王朝

アイルランドのＹ染色体マーカーの分析では、ある多型が島の北西地域で非常に高い頻度で出現することがわかりました。この多型を持つ集団は、中世初期のアイルランドの重要で永続的な王朝に由来する姓であるウィ・ネイルという名前を持つ人々との強い相関がありました。アイルランドの歴史上の伝説的人物であるニアール・ノイジァラックはアイルランド王になったことがあり、伝承では二人の后と八人の子がいて、この八人の子供たちがアイルランドで六世紀ごろから勢力を強めたウィ・ネイル系部族のそれぞれで、その始祖となったといわれています。そして、北西アイルランドの五人の男性のおよそ一人が、もともとは単一の中世初期の先祖から由来していることが証明されたことになりました。

このような特定の遺伝子多型が人類集団の中でその頻度が高くなるような現象は、インドなど他の地域でも報告があります。これらは自然選択とは異なり、過去の時代の父系が持つ子孫を残す能力や社会的権力が、社会的な選択によって現代の人口集団のY染色体の分布にまで明確な影響を及ぼすことができることを示しています。

このような遺伝子の系図上の優位性は、神話性を帯びた系図の真実性を生物学的に支持することになります。これまで、有史後の歴史は古文書などによる歴史学者の分析能力に頼っていたのですが、現代に生きている人々の遺伝子を調べることで、より確かな証拠によって歴史が書き換えられる可能性もでてきました。

# 第3章　農業と人類の定住化

## 農業の始まり

### 定住という歴史の転換点

アフリカを出発して地球上に広がっていった人々は、一万年前ごろになると、狩猟採集生活から農業への転換を始めました。そして、四〇〇〇年前ごろには、いまでも人間の生存に欠かせない米、小麦、トウモロコシなどすべての主要な穀物の作物化を完了していました。

農業の起源は、人類史において最も重要な出来事であるといえます。それは、食糧を求めていろいろな場所を転々と移動するという、二〇〇万年以上続いた不安定な生活に終止符を打ち、食糧の安定的な確保ができるようになったことで、同じ場所に定住できるようになったということなのです。集団での定住により人間社会が形成され、人口の増加も始まります。それがその後の都市の成立や交易の始まりへとつながり、最初の「文明社会」の基礎ができあがったのです。

それ以後の人間の歴史は、歴史の教科書に記されたとおり「文明の物語」ですが、そのおおもとの大きな転換点は農業の始まりといえます。

これ以降新大陸へのヨーロッパ人の移住などを除けば、大きな地域的な移動は起きなくなったのです。

先に示したように、ヨーロッパ、アジア、アフリカなどの地域の現代人の遺伝子解析から、古代人がアフリカからそれぞれの地域に次々に移動していった様子が描けたり、ヨーロッパ人三〇〇〇人の遺伝子解析から、それぞれの人々がヨーロッパのどこに住んでいるかを数百キロメートルの精度で推定することができるのは、この定住化があってのことです。もし、移動後も継続してすべての地域の人々がランダムに動き回って交雑を繰り返していたならば、結果は違ったものになっていたでしょう。

## 古代人類は偉大な科学者

人類の歴史の上で最も大きな革命とも呼ぶべき農業の歴史について、穀物の栽培と家畜やペットなどの動物がどのようにして作られてきたかについて以下に詳しく説明しましょう。

このように野生の動植物を自己管理型に変換してゆく過程を、英語ではdomesticationといいます。Domesticは「家庭の」、あるいは国際空港で国内線の窓口がdomesticと書かれているように、「国内の」という場合もあり、つまりは自分（人間）により近い「身内」の状態を意味しています。日本語ではこれに相当する一つの単語がなく、domestic animalは家畜、domestic plantは「栽培」作物、domestic catは「飼い」猫、のように別々の言い回しとなっていて、domesticationは「家畜化」、「栽培化」ということになります。

つまり、「農業」とは、それまで自然のままに生えている野生の植物を採取したり、野生の動物を捕獲して食物とするという受動的な生活スタイルから、自身の手で意図的に植物を栽培したり、動物を手なずけて飼育できるようにして、自己管理型の食生活に変換するという人類史上最も画期的な大事業であったといえます。

人類が現代の農作物や家畜を作り出してきた歴史は、古代の人々がいかに優れた科学者であったかを物語っています。つまり、地球上を移動していった人々は、それぞれの地域で、独立に、野生植物種を栽培して現代の作物種を作り上げるという技術を開拓していったのです。このことは、古代人類が狩猟採集民として移動しながら、植物や動物を観察し、偶然の出来事から野生植物を意図的に栽培する、あるいは野生動物を飼い慣らすという方法を見つけ出していったのであり、科学者の大事な特性であるセレンデイピテイを備えていたのです。

そして、このことは、それまで地球上のすべての生物の中の一種にすぎなかった「ヒト」が、他の生物種を管理する「意図」を持ち、さらには、生物のみならず外界のすべてを自らの視点で統一的にとらえようとする「人間」へと変貌する大きな契機となり、「文明」「社会」を築き上げてゆく転換点となったのです。

作物種の遺伝子研究によって、この農業革命がどのような遺伝子の選別によって起きたのかが明らかになってきました。つまり、古代の人々が、さまざまの植物の発生過程を標的として「新石器時代の遺伝子操作」、つまり「品種改良」を行ってきたことがわかったのです。

現代のほとんどの人は、日頃よく食べている野菜や穀類の先祖がどのような植物であったかを知りませんし、見たこともないでしょう。しかし、古代の人類は、一万年も前に、野生の植物を栽培できるようにして、自らの空腹を満足させる農業技術の開発を始めていたのです。そして、意識はしなかったのでしょうが、さらに何百もの野生植物種を栽培可能な作物に変えるべく、すでに品種改良の道を進みはじめていたのです。

では、現在の野菜や穀類などの作物は、地球上のどのような地域で、いつの時代に作られたのでしょうか？　また、野生種が現代の作物種に変換されてゆく栽培化の経過はどのようなものだったのでしょうか？

まず、遺跡に残る遺物を調べることで、どんな植物や動物を利用していたかを見ていきましょう。しかし、それだけでは野生種が作物種に変換されてゆく栽培化の経過はよくわかりません。そこで、つぎに人類の進化の道筋を明らかにしたのと同じように、現代の作物種とその先祖である野生植物との遺伝子を比較してみましょう。

## 農業は多地域で独立して始まった

野生植物種から栽培できる作物種を作ってきた中心的な地域は、世界中でいくつか特定化されています。現代のほとんどの作物種は、「肥沃な三日月地帯」として有名なチグリス・ユーフラテス川周辺地域、東アジア、サハラ以南のアフリカ、中部アメリカ、南米（アンデス山脈）などの異なった地理的中心地にその起源があることがわかっています。

たとえば、肥沃な三日月地帯では小麦、大麦、エンドウなどが作物化され、東アジアでは、米と大豆が開発されたというように、それぞれの中心地域では異なった種類の植物種の栽培に成功していたのです。また、これらの地域では、野生動物の家畜化も同時に進行しています。

なお、これらの地域は、地理的な広がり、作物種の特殊性と多様性、食物資源としての可能性といった点で、それぞれ特徴を持っています。また、各地域での最初の作物化がどのような速度で発展し、統合的な食物生産システムを通してその後の経済的な発展をもたらしたか、そしてそれがどのように隣接地域へ拡大していったかなど、多くの重要な点では著しく異なっています。

## 典型的な農業の始まり「肥沃な三日月地帯」

農耕は地球上のいくつかの地域で始まったのですが、最も典型的な例は約一万年前のレヴァント地方です。レヴァントの遺跡を見ると、農業がどのように始まったかを容易に思い描くことができます。

レヴァント地方とは、現在のシリア、イスラエル、パレスチナ、ヨルダンを含み、「肥沃な三日月地帯」と呼ばれる地域の西側部分に位置しています。「肥沃な三日月地帯」とは、古代オリエント史の文脈において多用される歴史地理的な概念であり、その範囲はペルシア湾からチグリス川、ユーフラテス川を遡り、シリアを経てパレスチナ、エジプトへと到る半円形の地域のことをいいます。ジェームズ・ヘンリー・ブレステッドの著作『古代』の中で用いられたのが初めてで、その後多くの学者が古代オリエントの中心地を指す用語として用いるようになりました。この地域は農業の開始だけでなく、その後も世界の歴史の中心地としてメソポタミア、古代エジプトといった多くの古代文明が栄えました。

## 遺跡の発掘

レヴァントで農業が始まった理由の一つに、最終氷期後に訪れた温暖化によって、この地域に栽培、飼育に適した野生動植物種がたくさん繁殖していたことが挙げられます。実際、この地域には現在も、野生のコムギ、オオムギ、マメ、ヤギ、ヒツジ、ウシなどが分布しています。

レヴァントの農業の始まりの様子は、テル・アブ・フレイラと呼ばれる遺跡の発掘によって解き明かされました。一九七二年から一九七三年にかけて、ユーフラテス川をせき止めるタクバ・ダムの建設により水没するテル・アブ・フレイラ遺跡の緊急調査が行われ、数多くの遺物や穀類が発見されました。この遺跡の大部分は、先史時代の後期か、または初期の歴史時代の居住時に作られた泥煉瓦製の建物跡によって形成されていました。

しかし、さらに掘り進んでゆくと、最も深い基底部からは、一万四五〇〇～一万二五〇〇年前と推定される、狩猟採集民が住んでいた円形住居の跡が発見され、植物質食糧の集中的な利用と定住生活の証拠を示す遺跡であることがわかったのです。

この基底部の発掘に当たったイギリスの人類学者は、穴などに堆積した軟らかい土砂と、手付かずの硬い土壌を見極めながら丹念に発掘作業を行い、土壌試料を浮揚装置にかけ、種子などの植物の残滓や魚の骨、小さいビーズを土壌から分離し、七一二の種子サンプルを取り出すのに成功しました。

## 採集食料の備蓄と定住化

この中には、一五〇種類以上もの食用植物の種が五〇〇個ほど含まれていました。遺跡から収集された植物の種子からは、二種類の野生のライムギ、エンメル麦、ヒユ、その他レンズマメやピスタチオなど野生の子実類が多く含まれていて、種類があまりに多いことからも、この時期、ここの住民たちが野生植物の採集により食糧を得ていたことが予想されました。野生のコムギも含まれているのですが、一万年前に始まった栽培種はまだ含まれていませんでした。

また、動物も食糧となっていて、狩猟の対象だった主な動物は、毎年この周辺を移動するガゼルや、オナガー、ヒツジ、ウシなどで、小型動物ではノウサギ、キツネ、鳥などを年中狩っていたと予想されます。

さらに、遺跡の住居の地下に食物が蓄えられていたことがわかり、このころには、採集した食糧を保存するようになっていたことがわかります。

つまりガゼルの移動、春の野草、秋の豊富な木の実などが、アブ・フレイラの人々に定常的に食べ物を提供し、また、保存の容易な食糧がうまく組み合わさっているという幸運のため、彼らは狩猟採集民でありながら、何世代にもわたって同じ場所に住むことが可能となったと思われます。

そして、温暖化がある程度長く安定的に続き、気候条件は総じてかなり良好だったので、収穫の多い時期には彼らの貯蔵庫は食糧で満たされており、ときとして見舞われる短期の旱魃や、木の実の実りが少ない年も十分に乗り切ることができたのでしょう。

人口も増加し、人間はこのとき初めて、密集した定住地でたがいに触れ合わんばかりの密度の状態で暮らすようになり、たとえ移動したいと思っても、そこから離れることができなくなってしまっていたのでしょう。

しかし、最終氷期後に訪れた温暖化の恩恵ともいえる、この安定した幸福な状態は、再び気候上の変動によって転機を迎えるのです。

## 気候変動が農業を始めさせた契機

農業技術が格段に発達している現代においても、気候の変動は農産物の収穫に大きな影響を及ぼします。古代の人々にとっては、もっともっと大きな影響があったことは間違いありません。

最終氷期最寒冷期（二万年前）から完新世中期（七〇〇〇年前）にかけての世界的な気温変

動に関する氷床コア曲線をみると、最終亜間氷期として知られる劇的な地球規模での温暖化により、氷期はおおむね一万四五〇〇年前には終了していました。しかし、その後ヤンガー・ドライアス期として知られる「寒の戻り」の時期が一〇〇〇年ほどはさまります。

この時期、最終氷期末期の後の急激な温暖化によって、北米ローレンタイド氷床からの大量の融水がアガシー湖（カナダ南部の現ウィニペグ湖周辺）に注ぎ、さらにそれがミシシッピ川を経てメキシコ湾に流入しました。また、氷床の後退に伴うアガシー湖東側の氷崖の崩壊により多量の淡水がセントローレンス川を通り北大西洋に流入したため、海洋表層の塩分が低下して海水の低密度化を起こし、深層水の形成を弱めるとともに暖流であるメキシコ湾流の北上を弱めた結果、寒冷化が進行してしまったのです。

この北米大陸の気候変動は、遠く離れたレヴァント地域にも影響を及ぼし、それまで豊かな草原や森であった地域でも、旱魃がいっそう深刻化し、アブ・フレイラの住民もこの村を見捨てざるをえなくなったのです。

やむなく彼らは分散し、自然のオアシスなど、まともな水源があり食糧を見つけられる場所を探して、小さな定住地をつくったと思われます。

十分な食糧を手に入れられない彼らはそこで、野生種の栽培を試みたと考えられます。

いったん栽培が始まれば、数世代のうちに、耕作地のほうが野草の自生地よりも多くの収穫が得られるようになるので、加速度的に本格的な栽培へと発展したことでしょう。

そして、約一〇〇〇年後、ローレンタイド氷床がさらに前進して再びアガシー湖をせき止めたため、融水が北大西洋に流入しなくなり、ヤンガードライアス期は終わりを迎えることになり、それ以降は今日に至るまで氷期は訪れることなく地球は温暖な気候を継続してきているのです。

## 信仰の始まり?

アブ・フレイラでは、この温暖化とともに農業が生活の中心になっていきました。この地域の遺跡の研究を行っている考古学者は、野生植物の栽培や、野生動物の家畜化に代表される農業の始まりは、その地域に栽培可能な動植物があったことと、気候をはじめとする環境の変動という二つの要因に加え、さらに二つの要因があったと推定しています。

その一つは、人々の定住性です。環境条件が許しさえすれば、狩猟採集民は定着しようとする強い欲望があったことがうかがわれます。

もう一つは、埋葬、芸術作品、象徴的なものなどに見られる、非常に強い思想の発達です。レヴァント南部に、一万二〇〇〇年前ごろのものとされるヒラゾン＝タクティットという洞窟遺跡があります。ここでは、定住の開始と農耕生活様式への変化に関連する、明白な社会経済的変化が進行していたとされていますが、最近、この遺跡で発掘された女性人骨は、同時代の他の遺跡では見られない五〇もの完全なカメの甲羅や、イノシシ、ワシ、ウシ、ヒョウ、二匹のテンの体の一部や、人間の足といった副葬品を伴っていたことから世界最古のシャーマンのものではないかと考えられました。この地域で人類史上画期的な最初の農耕社会が成立すると、このように文化面でも一気に変化が起こったものと思われます。

## 中国黄河地域での農業の発展

最近になって、八二〇〇年から一万年前と想定される北部中国の新石器時代の遺跡の貯蔵穴に格納された五万キログラムの穀類の中にアワが発見されています。そこで、この時期の中国では、アワが主要な食糧となっていたことが予想されました。そしていろいろな分析結果から、このアワは栽培されたものであることがわかりました。つまり、一万年前にはアワの作物化が中国の半乾燥気候の地域に確立されていたことがわかったのです。北部中国で独自に作物化されたあわは、その後、ロシア、インド、中東、およびヨーロッパにも広まっていったと考えられます。

また、最近、この遺跡での古代人と動物の骨の安定同位元素の生化学的分析と放射性炭素年代測定法から、この地域では、植物の栽培化と動物の家畜化について、時代的に二つの異なった段階があることがわかりました。最初の七九〇〇年から七二〇〇年前ごろには、ヒトと狩猟イヌの食糧として十分な量のキビが収穫され、一年を通して格納されていたことがわかりました。しかし、五九〇〇年前ごろになると、キビとアワのような雑穀が栽培されていて、人々、イヌ、およびブタの食糧として重要な貢献をしていました。農業の形態としてはより意図的で、はるかに徹底されています。つまり乾燥した北部の狩猟採集民が、あまり意図的ではない形で徐々に家畜化や栽培化を進め、後により徹底した形となって、東部へと拡大していったと考えられます。中国のこの地域では、人間と植物と動物の共生が起き、最も効率の良い食糧確保の手段として農業の原型が最も良い食糧確保の手段として現れたことがわかります。そして、このような原型は発展しながら、東アジア一帯に広がって定着したのです。

## どうやって野生植物を栽培することを思い立ったのか？

アブ・フレイラ遺跡から農業の始まった年代や作物種などを証明することができますが、最初に人類がどのように野生植物を栽培するようになったかは想像をたくましくして考えるしかありません。

野生植物の作物化は、陸地の風景を変更して、人間の役に立たない植物種を犠牲にして、食用の野生植物の成長を選択的に増やす試みとして始まったと考えられています。

オーストラリア先住民であるアボリジニなどのような狩猟採集民は、食物として好適な植物が、野火の後に残っていた種子が繁殖していたのを見つけて、野焼きによって自生植物を増やすことを学びました。

古代の人々も、山火事の後に残った種が自然に芽吹いて繁殖した状態を見て、前の季節に集めた種子を蒔いてその植物を繁殖させるという発想の転換をとげたのに違いありません。このような焼け野原や、川の氾濫によってできた広大な土地は、人の手を下さずとも穀類などの農作物の栽培に役立ったことでしょう。

また、狩猟採集民は、しばしば季節に応じて同じ場所を訪れますが、野営という集団活動がその場所の植生を妨げ、そのとき採取して食べ残した植物の種が、この集団が翌年戻ってきたときに繁茂していることに気がついた人もいたことでしょう。

このような経験から、野焼きをして種を蒔くのに必要な土地を確保して有益な植物の種を蒔くという、小さな、しかし新しくて確実な方法が発展してきたと予想されます。この習慣がいったん確立されると、選択と作物の改良が始まることになります。

そして、時間がたつにつれて、人間にとって最も望ましい特色がある植物から種子と果実が優先的に集められていき、これらの植物種の頻度が増大し、結果として園芸作物となっていったと思われます。

## 遺跡に残されていた穀物

### トウモロコシはメキシコで

考古学者と遺伝学者は共同して、どんな野生種が特定の作物の先祖であったのか、その初期の栽培化の地域や時期、その文化的背景などについて研究してきましたが、この共同作業はかなり良い成果をもたらしています。

まず、遺伝学者の分析から、トウモロコシに最も近い現代の同類の植物種は、テオシントという南メキシコの中央のバルサス川流域の野草であると特定されました。そして、この地域こそ最初にトウモロコシが作物化された場所ではないかと推定されました。

一方、考古学者は、考古学的に最も古い（六三〇〇年前の）トウモロコシのものとして、メキシコのオアハカの谷の中の遺跡で二つの小さい穂軸を見つけています。バルサス川の北東約四〇〇キロメートルの場所であり、二つの結果はよく一致しています。この二つの結果の一致は、作物としての形態学的な特色をもったトウモロコシが、六三〇〇年前にすでに存在していることをはっきりと示したことになります。

さらに最近の遺伝子研究では、南メキシコで作物化されたトウモロコシが、アメリカ大陸中にその耕作がゆるやかに拡大していったことを示す考古学的研究とよく合う結果も示されてきています。

## 小麦は肥沃な三日月地帯で

同様にヒトツブコムギにおいても、現代の栽培種とその野生種と予想されるアインコルンの遺伝子の比較により、トルコ南東の山岳地帯ノカラカダが最初の作物化の場所であると特定されました。

この場所は、エンメル小麦、大麦について最も初期（九六〇〇年前）の証拠があり、また、農業の中心地域と想定されているアブ・フレイラの遺跡発掘現場からユーフラテス川に沿って南におよそ二〇〇キロメートルと近く、遺跡の場所と栽培種の先祖である野生種がよく一致する結果となっています。

## イネはどこで？

イネ（*Oryza sativa L.*）は世界の半数以上の人々の食糧として、最も重要な主食作物ですが、その先祖となる野生種は *Oryza rufipogon* と推定されています。また、一番古いもみ殻は、中国南部の長江下流域の七〇〇〇年前と思われる集落の遺跡で発見されていますが、イネの栽培化についての考古学的な証拠は少なく、いつごろ、またどのように起こったかはまだはっきりしない点があります。

現在、インディカ米（*Oryza sativa indica*）とジャポニカ米（*Oryza sativa japonica*）と呼ばれる栽培種がありますが、インディカ米は、ヒマラヤ山脈の南の領域、東インド、ミャンマー、タイなどで栽培化され、ジャポニカ米は、南中国で野生種から栽培化に成功したと考えられます。日本で栽培されているイネは、約一万年前に、中国の長江中流域で栽培化され、その後、日本に伝えられたと考えられています。

## 栽培種はダーウィンの「自然選択」説の典型例

いまある作物は、人間が自分の食糧に適した野生植物種を選別して交配を重ね、新たな種を作り出してきた結果です。それゆえ、ダーウィンは、『種の起源』の中で、「自然選択」の概念を最も的確に表しているものとして、この「品種改良」という人為的な選択過程を挙げています。

さて、このような原初の農業の過程では、それぞれの地域での初期の農業者は、限られた数の先祖種だけを扱っていたので、作物化された植物種のゲノム中に、それぞれの遺伝的パターンが特徴的に残されたままになっています。

しかし、その植物種の世代交代が繰り返されてゆく間に、ヒトにとって最も役に立つと思われる植物個体からの種子だけが次世代に受け継がれて残ってゆくことになります。

このような過程は、ゲノムの遺伝的多様性を減少させるという、いわゆる「遺伝的ボトルネック」を引き起こすことになりました。このような遺伝的多様性の損失の範囲は、その栽培化の期間や、その栽培植物がどの程度存続してきたかの期間、これを栽培してきた人口集団の大きさに依存します。

顕著な多様性の損失は、必ずしもすべての遺伝子に対して等しく起きるわけではありません。なぜなら、好ましい表現型に影響を及ぼさない遺伝子（中立性遺伝子と呼ばれる）では、ボトルネックの強さと関係する多様性の損失は、単純に人口集団の大きさと持続時間の関数となります。

一方、好ましい植物個体はその後の世代に最も多くの子孫を残すようになるので、その表現型の原因となっている対立遺伝子座では、望ましい表現型に影響を及ぼす遺伝子座が残り、他の対立遺伝子座は集団から排除され、結果として、顕著な多様性の損失が起きてしまいます。

## 品種改良

野生植物種から栽培種が作り上げられた後も、人々は営々としてより良い品種を作り上げる努力をしています。本来亜熱帯植物であった野生の稲が現在では北海道でも栽培されるようになったのも、寒さに強い品種を作り出す努力の賜物でしょう。稲に限らず、あらゆる農作物でこうした品種改良は進められ、現代に近くなるほど、その作業もスピードアップされ、膨大な品種ができあがりました。

一つの作物種内でも、品種間の違いを制御する重要な遺伝子の同定も進んでいます。たとえば、米は一つの穂の中にたくさんの米の粒数があると収穫量が多くなりますが、この粒数の差を制御する遺伝子が同定されています。この遺伝子は、植物ホルモンのサイトキニンを分解する酸化酵素／脱水素酵素をコードしていて、品種ごとに、この遺伝子の発現調節に差があるものや、構造遺伝子の中に終止コドンが生じてタンパク質ができなくなってしまう変異が見つかっていて、その機能的な違いが表現型の違いとよく対応しています。

このように、作物の品種間では、生理的、あるいは生化学的な違いの原因となる遺伝子が非常に多く、品種改良では遺伝子の機能を失う変異が圧倒的に多いという特徴を持っていることがわかりました。

これは、先に述べた先祖の植物から栽培種にしてきた長い過程で起きている遺伝子の変異とはかなり異なっています。野生種を栽培できるようにするための長い間、古代の人々は今のように肥沃な耕作地ではなく、野生の土壌で種を選別していたので、あまり強い変異を持つようなものは生存できなくて除外されていたのでしょう。そして、ある程度選別された栽培種を長年見ているうちに、観察眼がよくなり、より強い意図を持って選別できるようになったことを反映しているかもしれません。このように、作物の遺伝子の変化を知ることによって、それを進めてきた人々の働きぶりも想像することができるのです。

## 栽培化症候群

現在の栽培できる作物種の多くは、先祖となる植物種を完全に人間に依存するように変えてしまったものです。たとえば、トウモロコシやカリフラワーは遺伝形質が非常に大きく変更されてしまったため、もう野生の条件では、繁殖する能力を失ってしまっています。ただし、にんじんやレタスなど、変更の度合いが少ないため、荒れ地でも生育し、増えて雑草になる能力を残しているものもあります。

いまの農作物には、「栽培化症候群」ともいえる一般的な特色があります。その作物の先祖と比べて、種子作物や果実作物は、より大きい種の粒や、より大きいサイズの果実を持っており、植物としての生命力はより強くなっています。また、より確実に成長する能力を持ち、頂芽優勢といって、植物の茎の先端（頂芽）で作られたオーキシンが側芽の成長を抑制する現象のために、葉っぱなどの周囲と比べて、中央の幹の茎が力強く成長するようになっています。

さらに、もともとは実るとすぐに飛散してしまっていた種子は、人が収穫しやすいように、長く残るようになっています。とくに、作物種では、一本の植物あたりの種子や果実の数は、先祖の植物より少なくなっていますが、そのサイズは大きくなっています。そのほかにも、種子の休眠がなくなっている、苦味物質が減少している、光周期感受性の変化、開花が同調して起きる、などのさまざまな生理学的変化も、栽培作物の特徴です。

野生種が自然界で繁栄するためには効果的だと思われる、種子の飛散や種子の保護が抑えられてしまっているので、野生には戻れなくなってしまっている作物種もあります。

また、いくつかの栽培作物では、その好ましい特徴となる形質が、発生過程を大きく変えるような新しい突然変異に依存している場合もあります。

このように、栽培化の過程では、先祖種の莫大な遺伝的多様性を基盤として、先祖種の中から最も良い対立遺伝子座が選別されてきたことが明白ですが、新しく起きた突然変異と、野生種が持っていた遺伝的多様性のバランスが、どのようにそれぞれの作物の栽培化の特徴に寄与していったかを知ることが大切です。

いずれにしても、現代の栽培種は、人間が手を加えて条件設定し、雑草を除去した肥沃な耕作地でのみ生育できるものになっていて、人間依存症の植物種といえそうです。

## 野生動物の家畜化

家畜は、ウシ、ウマ、ヒツジ、ニワトリなどのように、人間がその生産物を食糧として利用し、また、農耕の動力などとして利用するために飼育する動物を指す言葉です。先に述べたように、英語ではdomesticationという言葉で、野生の植物や動物を人間の管理下に置くようにすることを意味します。その意味では、ウシやウマだけでなく、ミツバチやカイコなどの昆虫や、イヌ、ネコなどの愛玩動物も同じ範疇（domestic animal）に入ることになります。

現代のわれわれが野山のサルやイノシシ、シカなどを飼い慣らそうとしても容易でないことからもわかるように、人類が特定の地域で、長い間かけて野生動物を家畜化するための努力を重ねてきた結果として現代の家畜があります。

人類の歴史の上から、いつ、どの地域で、どのようにして野生動物が家畜化されてきたかは、これまで述べてきた野生植物の栽培化の歴史と同様に、遺跡の発掘調査などの考古学的研究とともに、これら家畜の遺伝子解析によって、つまり、動物種のゲノムの系列がその後にどのように変化して家畜種となってきたかを追跡することによって明らかにすることができ、人類の移動の歴史とともに、それぞれの哺乳動物の生物学的特性とゲノム進化の理解を深めることにもなります。

## ヤギの家畜化

ヤギは、野生種から人類が家畜化した最初の有蹄動物の一つです。家畜化したヤギと、その先祖と推定されている現代の野生種であるベゾアールについて広範な地域から集めた多数のサンプルについてミトコンドリアＤＮＡの多型を比較したところ、イラン高原の東半分およびさらに東の地域のベゾアールからは、現代の家畜化されたヤギの多型はまったく見つかりませんでした。一方、中央イラン高原とザグロス南部のベゾアールは最も早くその集団を拡大したことがわかりましたが、現在の家畜化されたヤギの集団へのこの地域からの貢献は一・四％とかなり低いことから、この地域では、野生種の飼育によってその拡大が起きていたと推定されます。最終的に、ヤギの家畜化が始まったのは、東アナトリアと、北部、中部のザグロスであり、ここが世界中のほとんどすべてのヤギの起源となっていると推定されました。この調査結果は、ヨーロッパの農業の歴史の発祥地とも考えられている東アナトリアが重要な家畜化の中心地域でもあったという考古学的なデータと一致するものです。

## ウシの家畜化

ウシとヒトとの関係は、一万六〇〇〇年前に描かれた有名なフランス・ラスコー地方の洞窟壁画でわかるとおり、家畜化のずっと前から始まっていました。描かれているのは、家畜ウシの祖先種であるオーロックスです。当時の人々にとってウシは狩猟の対象であり、たくましい雄ウシは、力強さの象徴でもあったことでしょう。

家畜であるウシは、牛肉や牛脂、または牛乳を採るために飼養され、また役牛として農耕や運搬の動力としても利用されてきました。

ウシの家畜化は、およそ一万年前の農業革命の間に起きたと推定されています。現在のウシは、ウシ（*B.taurus*）とコブウシ（*B.indicus*）の二つの系統に大別されますが、この二つの系統では遺伝的多様性に大きな隔たりがあるので、少なくとも二つの異なる場所で家畜化が起きたと考えられます。

ウシの先祖は野生のオーロックスと考えられていますが、考古学的なデータから、コブウシの家畜化はインダス・バレー（今のパキスタン）で行われ、ウシの家畜化は近東の最西部の肥沃な三日月地帯で行われたと推定されています。

すべての現代ヨーロッパのウシは、近東で家畜化されたウシが祖先であり、そこから牧畜と農耕が他の地域に拡散してゆく間に、ヨーロッパの野生のオーロックスと交配したりしつつ、さらに多様性が生じて現代の品種ができあがってきたものと推定されています。

ちなみに、家畜としてのウシの起源となった野生のオーロックスは、一六二七年にポーランド南部のヤクトロウカの森で最後の一頭が死んで絶滅してしまっているということです。

## ミルクの利用の歴史

ミルクや羊毛を得たり、家畜の牽引力を農作業に使ったりすることは、家畜を殺さずに得ることができるという点で優れた農業技術であり、人々の生活の向上に大いに貢献してきましたが、これが、いつ、どこで、最初にどのようにして起こったかは決定的ではありません。

動物がいったん飼い馴らされると直ちに、これらの二次利用が始まったと主張する研究者もいましたが、これまでは牛乳などを最初に食用として利用しはじめた時期や地域は明らかになっていませんでした。しかし、最近、遺跡で出土した陶器に残存する有機物残渣から、乳脂肪の主要な脂肪酸の13C値を測定することで、ミルクがいつどこで利用されたかを示すことが可能となりました。そして、ヨーロッパ地域での調査から、英国では六〇〇〇年前ごろに、東ヨーロッパでは八〇〇〇年前ごろに、それぞれの地域でミルクが利用されていたことがわかっています。

さらに、農業が最も早い時期に起きたとされている近東や、南東ヨーロッパの遺跡から出土した二二〇〇点を超える陶器の調査から、九〇〇〇年前ごろにはミルクの利用が行われていたことが明らかになりました。これは、現在のところ最古の直接的な証拠です。

なかでも、北西アナトリア地域（西アジアの一部で、現在トルコ共和国領土のアジア部分を構成している地域）のすべての遺跡からは、陶器中に残存する乳製品が検出されています。つまり反芻動物の搾乳は、最も早く家畜化が始まった肥沃な三日月地帯から遠く離れた場所で、八〇〇〇〜九〇〇〇年前に集中して起きていたものと考えられます。また、この地域ではほかの地域の遺跡よりも、他の動物の骨に対するウシの骨の割合がかなり高いということです。これは、おそらく、この地域がより多い降雨量があり、より緑色の牧草を食べることができることを反映して、羊やヤギよりもウシが優先的に利用されたからでしょう。

また、別の研究から、生のミルクを入れた陶器を埋葬すると、ミルクの中の脂質が急速に破壊されてしまうことがわかっているので、北西アナトリア地域で検出される反芻動物のミルクは、加工処理されたミルク、すなわちチーズなどである可能性も示唆されています。

このような乳製品の加工は、余剰ミルクの長期保存を可能にし、安定した食糧供給の維持に役立っただけでなく、後で詳しく述べるヒトの乳糖不耐症の問題も解決することができるという二つの重要な利点があったのです。

このように、早期の農業は、固定したパッケージがある場所で発展して世界中に拡大していったのではなく、異なった環境条件と、異なった文化的背景と選択に依存して、異なった地域で、異なった方法で独立に発展してきたといえるのです。

## 農業は一万年の間に人類の進化に影響を与えたか

農業の出現はヒトの歴史を大きく変える出来事でした。この変化の効果については、たいてい二つの見解が見られます。

文化的な見地からは、農業革命は、遊牧民的な生き方から解放され、最終的に工業化に向かうまでのシフトの始まりを示しています。また、進化論の見地からは、人類が動物（家畜）や植物（農作物）を馴化したことによって、これら動植物の形態学的あるいは行動上の大きな変化を示す遺伝的変化が始まったことを意味しています。

この遺伝的な変化についてはすでに述べましたが、このような農業革命の結果が、人間の進化にどのような変化をもたらしたかということは、それほどよく理解されていないかもしれません。このような疑問に対する答えの一つが、ミルクの消化とでんぷんの利用についての最近の研究成果で明らかになりました。

## 牛乳を飲んでもお腹をこわさない人

現代でも、多くの人が牛乳の消化で不愉快な思いをしています。牛乳を多量に飲むとお腹の調子が悪くなり、おならを多発する人がいますが、このような人は乳糖不耐性といいます。なかには、さらに下痢などの著しい症状を生じる人もいて、このような場合は乳糖不耐症と呼び、一種の病気と理解されることもあります。牛乳を多量に飲むと、乳糖が腸管に残り、乳糖を好む腸内細菌が繁栄し、菌種によってはガスを多量に発生しますし、腸内細菌叢のバランスが崩れ、下痢になることもあります。このような性質は、基本的に遺伝によって決まっていることがわかってきました。

ヒトは乳離れさせられるまで、ほとんどすべての乳幼児は、この乳糖を消化する能力を持って生まれてきますので、母乳の乳糖から栄養をとることができますが、一二歳から一三歳ごろになると、大部分の人はこの能力を失います。

それは、通常の人ではラクターゼ・フロリジン加水分解酵素という、乳糖（二糖）を消化のよい形のブドウ糖とガラクトースという単糖に分解する酵素の遺伝子が、この時期になると発現を停止してしまうからです。

そして、このラクターゼという酵素がなければ、ヒトはミルクを飲んでも乳糖をほとんど栄養として利用できませんが、腸内細菌には有効な食物となり、発酵によって人にとって不快なガスを発生させるのです。

しかし、少数の幸運な人々は、成人期まで乳糖を消化する能力を残存させていて、大人になってもミルクを飲み続けることができます。牛乳を多量に飲んでも平気で、何の不具合も生じない乳糖耐性の遺伝形質は、優性を示す遺伝様式で伝わりましたが、現在の世界中の人々の中では、乳糖耐性の遺伝形質を持つ人よりも乳糖不耐性の人々のほうが多いようです。

大人でのミルクを消化する能力の変化は、興味ある発育上の現象として注目されていましたが、はっきりした遺伝的な理解はできていませんでした。ラクターゼをコードする遺伝子は一九八〇年代後半に同定され、大人になってもラクターゼが維持される体質の遺伝子の候補として研究が進められました。

乳糖耐性の人が、大人になってもラクターゼが持続して発現していることを考えれば、この酵素の遺伝子の発現を制御するような変異の存在が考えられます。そこで、より広い範囲の遺伝子領域の分析を行ったところ、ラクターゼ遺伝子そのものには何の変異も起きていなくて、この遺伝子の上流の一四キロ塩基対も離れた場所に、この酵素の発現維持の制御に関係する原因となる多型が見つかり、この変異こそが、ラクターゼ遺伝子が大人になっても持続的に発現するのに必須であると推定されました。

そして、この多型変異型の発見は、ラクターゼの発現存続の問題を全面的に解決したと考えられたのですが、その後の追跡調査から、この多型変異型は、ヨーロッパ人について説明するのには十分でしたが、アフリカの人々については説明できないことがわかりました。

そこで、最近になって、アフリカの人々の変化を追跡できる多型変異型の候補を探す作業が進められ、別の新しい多型変異型を見つけることに成功しました。この多型の変異型も、ラクターゼ遺伝子の発現制御に作用していることが示されたのです。

ここで興味深いのは、この酵素の持続的発現に働いている二つの遺伝子変異が、結果として同じ表現型を示すのにもかかわらず、ヨーロッパ人とアフリカ人とは独立に、違った場所で起きた遺伝子変異であるという点です。これは、地球上の別々の人々が、強い選択圧を受けて自然選択が成立したことを示しているという進化論の見地から非常に重要な発見です。

地球上に人類が誕生して以来、人間が直面していた中で最も大きい問題の一つは、十分な食べ物が得られるどうかかでした（もちろんこれは現在でも続いている課題ですが）。人類ははじめ、能率的な狩猟採集民であることでこの問題を解決していましたが、一万年前に農業が始まると、食糧をより身近に確保することが容易になりました。

ミルクは、脂肪、タンパク質、炭水化物、ビタミン、カルシウム、さらに水までも含んでいて、豊富な栄養源ですから、消化できるなら飲むのがよいに決まっています。したがって、酪農を営むヒトの集団では、非酪農のヒトの集団と比べて、成人期までミルクを飲めるように、非常に強い選択圧が働いたに違いないという仮説が妥当なものであると思われていました。

この二つの独立に起きた乳糖分解酵素の遺伝子に関する変異は、まさしくそのような証拠だったのです。そしてこれを強く裏づけるように、ヨーロッパ人では、この多型変異型の頻度の最近の増加と自然選択が起きたと予想される頻度がよく一致していました。また、この変異は、歴史的に酪農業を営んできた集団で最も高い頻度で見つけられました。

これらの結果は、農業が人類の遺伝子進化に大きな影響を持っていたという仮説を確かなものにしているといえます。

## 日本人のでんぷん消化能力は自然選択の結果

ヒトは食糧を安定的に確保し、石器技術の開発や火を扱うことにより、食物の食べ方の転換をも図ってきましたが、このことは他の霊長類と比べると、きわめて特徴的なことであるといえます。こういったこともヒトの遺伝的な進化にも影響を与えてきたと考えられます。

たとえば、農業の発展とともに、でんぷんは食糧の中心的なものになってきましたが、でんぷんを恒常的な食糧とする人々の間で、それを消化する能力は人類の進化に何らかの影響を与えたのでしょうか。でんぷん中心の食事は、農業社会では際立った特性となっていますが、多雨林や北極圏などの狩猟採集民や酪農を主とする人々は、ほとんどでんぷんを食べません。この食餌行動の変化は異なった選択圧をもたらしています。

最近、でんぷんを消化する酵素である唾液中のアミラーゼ遺伝子（AMY1）について、人間集団の間で染色体ゲノムの中のコピー数に大きな差があることが示されています。では、実際にこのコピー数の違いは唾液中のアミラーゼタンパク質の発現レベルや含有量と対応しているのでしょうか。そしてアミラーゼが実際にでんぷんを食料として利用する人類集団としない集団で機能的な違いとなって表れているのでしょうか。

五〇人のヨーロッパ系のアメリカ人について、個人個人の遺伝子コピー数を調べたところ、そのコピー数は一コピーの人から、五コピーの人まで、大きな違いがあることがわかりました。そこでそれぞれの人の唾液中のアミラーゼのタンパク質レベルを測定したところ、その発現レベルは確かにコピー数に相関していることがわかったのです。つまり、アミラーゼ遺伝子のコピー数が多い人は唾液のアミラーゼ活性が強く、でんぷんの消化がよいだろうと考えられます。

世界には、穀類、マメ類、イモ類などのでんぷんをたくさん食料として利用する人々の集団と、でんぷんを少ししか摂取せず、肉類などのタンパク質や、果物、はちみつ、ミルクなどからの糖類を主としている人々の集団があります。アミラーゼ遺伝子のコピー数は、このような高でんぷん食集団と、低でんぷん食集団で違いがあるでしょうか。

これを調べるために、高でんぷん集団として、五〇人のヨーロッパ系アメリカ人、四五人の日本人、アフリカの人々の中で、でんぷんが豊富な天然の植物の根や塊茎を採集して食糧としている三八人の狩猟採集民、低でんぷん集団五一人、一七人の酪農集団、さらに、酪農と魚を食料とする二五人のヤクート人などの遺伝子サンプルを用いて調査がおこなわれました。

その結果、多少のばらつきはあるものの、高でんぷん食の集団の方が、アミラーゼ遺伝子のコピーを多く持っている人の割合が明らかに高いことがわかりました。

日本人やヤクート人の遺伝子のコピー数の変化は、自然選択によって起きた可能性があります。日本人のような高でんぷん食の集団では、積極的な高コピー数の選択を受けることがあり、ヤクート人のような低いでんぷん食集団では遺伝的浮動を通して中立的進化が起きていたと考えられます。もちろん、低いでんぷん食集団ではアミラーゼ活性が高いと不利になるために、低コピー数であったと考えることも可能ですが、妥当な理由は見つかりません。

高でんぷん食では、唾液により多くのアミラーゼがあれば利点となります。まず、とうもろこし、米、じゃがいもなどの高でんぷん食物を噛んでいる間にかなりの量のでんぷんの消化が口の中で起こり、直接飲み込むより早く消化吸収でき、血糖値を上昇できます。

下痢症は二〇〇一年でも世界中の五歳以下の幼児の一五％の死亡率の原因となっていますが、でんぷんの口での消化は胃腸の負担を軽減し、下痢を起こさないでエネルギーの吸収をするのに効果的ですので、生存に有利に働くことになるでしょう。

また、唾液アミラーゼは飲み込んだ食物と一緒に胃や腸に残り、小腸の膵アミラーゼの酵素の活動を助けます。したがって増加した唾液アミラーゼは、高でんぷんの食物が口、胃、および腸で消化吸収される際に効果的に働き、消化管疾患を潜在的に防ぐという点からも、より適応性が高くなります。

チンパンジーやボノボなどの他の霊長類ではそのコピー数はどうなっているのでしょうか。一五匹の野生のチンパンジーでは二コピーで可変性はなく、ボノボはもっと多いコピー数を持っているものの、その遺伝子は分断されていて機能を持たない遺伝子と推定されました。普通のヒトはチンパンジーより三倍の遺伝子コピー数を持っており、唾液アミラーゼタンパク質レベルも六倍から八倍も高いのです。そして、遺伝子進化の観点からは、ヒトのコピー数の可変性はチンパンジーと分岐した後でヒトに特有に生じた変化であると考えられます。ヒトとチンパンジーの分岐は六〇万年前と見積もられていますが、ヒトのこの遺伝子のコピー数の可変性は、およそ二〇万年前に生じたと推定されています。

この進化のパターンは、類人猿とヒトの一般的な食事の特性と一致しています。チンパンジーとボノボは菜食主義であり、ほとんどでんぷんを摂取しませんし、新世界猿も、唾液アミラーゼを生産せず、ほとんどでんぷんを摂取しません。一方、旧世界猿の亜族の中には、比較的高い唾液アミラーゼを持っているものがいますが、これは熟していない果実の種子などに含まれているでんぷんの消化を容易にするために進化したのかもしれません。

## イヌとネコの起源

### 日本はペット大国

現在の日本のイヌとネコの総数は約二四〇〇万匹で、日本人の一五歳未満の子供の総数を上回るといいます。オオカミやヤマネコのように、その先祖の野生種が絶滅状態に近いことを考えると、いかに人間によってその繁栄が支えられているかがわかります。イヌやネコも、もとは野生の動物でしたが、人類が農業を始めて定住すると、人間の近くに住みつくようになり、イヌは監視役や狩猟の援助、ネコは貯蔵した穀物をネズミから守るなど、人間の生活に役立っていましたが、その後の人間の生活スタイルの変化とともに、その役目を変えてきたのです。

このように人間の身近にいるイヌやネコが、野生の先祖からどのように変わってきたのかも、それぞれの遺伝子を解析することによって明らかになってきたのです。

## イヌはハイイロオオカミからつくられた

現在に世界中で飼われているイヌはおよそ四億匹いるといわれていますが、そのほとんどはペットです。イヌは人間の歴史の中でも、少なくとも一万五〇〇〇年前という早い時期にヒトに馴化した動物でした。現代の多種類のイヌすべてが、野生のオオカミと比較的均質の単一の先祖から始まっていると考えられています。

イヌの進化についても、まず、ミトコンドリアDNAの分析により、ほんの数匹の野生の先祖が、世界のすべてのイヌの遺伝子プールに貢献していることが示されていました。

このイヌの起源についてのゲノム研究は、ターシャと呼ばれる雌のボクサー犬がゲノム配列決定に適したイヌとして選ばれ、二〇〇四年に全ゲノム配列が公表されてから大きく進みました。染色体のゲノムにはミトコンドリアと比べて非常に高いレベルの可変性を持っていますので、変化の道筋をより精確に示すことができます。

このような遺伝子解析から、まず、今からおよそ一万五〇〇〇年前に現在の品種の原型となるイヌが誕生したと考えられました。そして、さらに比較的最近の一〇〇年前ぐらいに、大きな遺伝子の変化が起きていて、これはペットとしてのイヌが定着してきた時代と関係していると思われます。

つまり、野生の先祖から家畜化されたイヌは、その後の度重なる繁殖により現代の多様な種類のイヌとなったのですが、この過程はまさに、人間による選択による進化の代表例といえます。

現在世界中でペットして飼われているイヌのサイズは非常に多様であり、イヌ科の動物だけでなく、他の動物のサイズが比較的一定であることと比較すると、イヌのサイズの多様さは特別です。では、なぜこのように多様なサイズを持つようになったのでしょうか。

原因としては、品種改良の間にサイズに影響する遺伝子の突然変異率が高まったとも考えられますが、これまでその遺伝的変化の原因は不明でした。しかし、最近になって、九キログラム以下の小さなイヌと三〇キログラム以上の大きなイヌ、合わせて五〇〇匹以上のイヌを用いて、サイズの違いにかかわる遺伝子変異を追跡してゆくことによって、その原因の遺伝子がＩＧＦ１（インスリン様成長因子１）と呼ばれる成長を制御する遺伝子であることを突き止めることに成功したのです。

この結果は、ただ一つのＩＧＦ１多型が実質的に現在のイヌのサイズ変化に貢献していたことを示しています。この多型は、遺伝的に離れたイヌの間でも共有していることなどから、イヌの家畜化の歴史のかなり早い時期に現われていたものと予想され、その後のイヌのサイズの多様性が急速に進むことを容易にしていたと考えられます。

実際、考古学的な記録は、およそ一万二〇〇〇年から一万五〇〇〇年前に、東ロシアには大きなイヌが、中東とヨーロッパには小さなイヌがいたという証拠があります。イヌのこのような遺伝子選択は、農業の発展とともに人口が稠密になってきた村や都市で意図的な人為選択を行ってきたことを示している証拠でもあります。

## イヌはヒトの病気のモデル動物となる

こうしたできあがった多様な種類のイヌは、形、大きさ、行動様式などで非常に多様性があり、しかもそれぞれのイヌは純系であり、独立した遺伝的集団となっていますし、とくに、イヌとヒトとの間では、共通に認められる数百の遺伝子の異常が報告されていて、これらの疾患の原因遺伝子は少しの交配実験で見つけることができます。

たとえば、ドーベルマンにはナルコレプシーという嗜眠発作がよく見られます。ナルコレプシーは、日中において場所や状況を選ばず起きる強い眠気の発作を主な症状とする神経疾患（睡眠障害）です。笑い、喜び、怒りなどの感情が誘因となる情動脱力発作（カタプレキシー）を伴う場合もあります。一日の睡眠時間の合計は健常者とほとんど変わらないのですが、「居眠り病」「過眠症」とも呼ばれ、一般への知名度が低く、まわりの人間からの理解が得られにくいため、罹患者には大きな負担がかかっています。

一九九八年に日本の研究者によりナルコレプシーの病因としてオレキシンという物質が欠乏

していることが発見されました。オレキシンは視床下部から分泌される神経伝達物質で、ヒトのナルコレプシー患者においても視床下部のオレキシンを作る神経細胞が消滅していることが明らかにされています。

その他にも、腎臓病、盲目、アレルギー、およびてんかんなどヒトと共通の遺伝子疾患があり、このような病気の原因となる遺伝子の探索がイヌを用いて進行しています。

## イヌから野生のオオカミやコヨーテに遺伝子が戻った？

アラスカとラテンアメリカに古代のイヌが残っているのは、インディアンイヌが旧世界で家畜化されて人類の移動とともに移動してきた、つまり、南東アジアからベーリング海峡を渡ってきたときに同伴してきたに違いありませんが、その証拠となるような面白い報告が最近出されています。

黒い被毛を持つオオカミやコヨーテは比較的まれであり、イエローストーンに生息するオオカミが例外的なものといわれていました。最近、イヌの黒い被毛を発現させる遺伝子の変異が確認されましたが、このイヌになってから発生した突然変異が、なんと野生のオオカミやコヨーテにも見つかったのです。つまり、イヌの間で発生した突然変異が、後に交配により、野生のオオカミやコヨーテに受け継がれていったことがわかりました。ツンドラに生息する明るい色の被毛を持つ野生のオオカミはその数が減少しつつあるといいます。一方、森林に生息する黒いオオカミは多く生存していて、イヌから受け継がれて遺伝子を持ったオオカミが自然選択を受けた証拠と考えられます。ふつうは、家畜化された動物は野生として生き残るには不利なのですが、イヌからの野生動物への遺伝子の流入によって、野生のオオカミを環境により適応させ、生存し続けることを助けた可能性があったことはきわめてまれな面白い結果だと思われます。

## ネコは他の動物よりも最も早く人間に近づいた

ネコは世界中で最も多いペットですが、現在の家ネコは、野生のヤマネコの亜種が先祖であると推定されています。ネコは、九〇〇〇年ぐらい前に、近東の肥沃な三日月地帯と呼ばれる地域で農業が始まったのと対応して家畜化されたと考えられてきましたが、最近の研究からは、ネコの先祖はこれよりもっと早い年代に、この地域の少なくとも五カ所で家畜化され、これらの子孫が人類の移動とともに世界中に拡がっていったと思われる証拠が得られています。

遺跡の調査からは、ネコと人間の関係の最初の証拠は九五〇〇年前ごろと推定されています。それは、フランス国立自然史博物館等の発掘チームが、地中海のキプロス島にあるそのころの遺跡から、人と一緒に埋葬されたペットとみられるネコの骨を発掘したからです。発掘した骨と、その発掘状況から，島の外から持ち込まれ飼われていたのではないかと推測されています。

しかし、最近のゲノムの遺伝子型をタイピングした研究の結果では、ネコは、飼いネコ、高級種のネコを問わず、その起源は近東であると推定しています。近東のリビアヤマネコと家ネコの先祖の分岐の推定年代は、一三万年前（一〇万年前から一五万年前の範囲）になりました。これらの見積もりは、ネコの家畜化に関する考古学的資料によって推定されていた九五〇〇年前より一桁大きいことになります。

また、一三万年前のネコの先祖は、母系ミトコンドリアＤＮＡの遺伝子型で少なくとも五つのタイプに分岐していて、それが現在にまで存続しているので、ネコは、考古学的資料に現れるよりずっと以前に、中東の五カ所の異なる地域で独立に家畜化されたことになります。

農業が始まる一万年よりずっと以前から肥沃な三日月地帯にネコがいたということは、まだ人類が狩猟採集民であった時代に採集した食物の貯蔵庫に集まるネズミなどを食べるために、野生のヤマネコが人間集落に近づいて、野生集団から離れた孤立集団となりながら繁殖したためにボトルネックを起こして、イエネコの原型ができてきた可能性も考えられます。また、中東という限られた地域内の五カ所もの異なる地域で独立の家系が確立されたということも、イエネコ化が人の手を介さずに自然と進んできたことを支持しています。

# 第4章　感染症の起源

　ヒトは野生の植物を作物化し、野生の動物を家畜化することにより、食糧生産を自身の手で計画的に進めることができるようになりますが、ヒトの周辺にいたのは動物や植物だけではありません。微生物も人間の歴史に並行して一緒に進化してきたのです。ヒトは皮膚、口腔粘膜、咽喉、歯、胃、腸内などにおいて多くの微生物と共生しています。多くの共生微生物はヒトに害を与えない形で常在していますが、ペスト菌などの感染症は人類を長きにわたって悩ませ、歴史を大きく変えてきたのです。

## 農業の発展は人類に恩恵を与えただけではなかった

人類は狩猟採集民であった時代から現代に至るまで、他の野生の霊長類と同じような伝染病で苦しんできたと考えられます。しかし、現代のほとんどの伝染病は、一万年前に農業の発達が起きた後で初めて現れたものと推定されています。

それは、農業の発達によって、これまでなかったほどの高い人口密度が生じたこと、さらに人間だけでなくその周辺で家畜などの動物の密度も高くなったことによって、伝染病の危険が非常に高まったからです。過去一〇年間の研究から、主要な伝染病は温帯地帯の旧世界（アフリカ、アジア、およびヨーロッパ）で圧倒的に多く、しばしば旧世界の家畜の病気から起きたと考えられています。

また、進化生物学者は、伝染病が人間の病的状態と死亡率の主な原因となって、現代のわれわれのゲノムに重要な選択圧を加えたことを示しています。

動物病原体が人間に特化した病原体へと変化してきた進化的過程は五つの段階に整理されています。

ステージ1：他の動物に存在していて、人間には自然状態では存在しない細菌。輸血、臓器移植、または皮下注射器などにより誤って感染するのでなければ人間では検出されないもの。マラリアなど。

ステージ2：自然な条件のもとで動物に存在している病原体。動物から人間に感染するが、人間の間では二次感染が起きない細菌。炭疽病、野兎病細菌、狂犬病、西ナイルウイルスなど。

ステージ3：動物から初感染したあと、人間間でほんの数サイクルの二次感染が起こり大暴発するが、そのあと死に絶えてしまう病原体。エボラ、マールブルク、サル痘ウイルスなど。

ステージ4：動物に存在していて、動物宿主から人間へと初感染した後、動物宿主のかかわり合いなしで人間の間の二次感染が長期に起こるもの。これらはさらに三つに分類される。

ステージ4a：シャガスの病気と黄熱病。

ステージ4b：西アフリカと東南アジアの植林された領域のデング熱。

ステージ4c：インフルエンザ、コレラ、発疹チフス、および西アフリカ睡眠病。

ステージ5：人間に限っている病原体。熱帯熱マラリア、はしか、おたふくかぜ、風疹、天然痘、および梅毒の病原体。

これらは原則として、以下のどちらかの道すじで人間に限定されるようになった。

1　チンパンジーと人間の共通の先祖がおよそ五〇〇万年前に分岐したときにすでに感

染していた。

２　動物病原体が比較的最近人間に感染し、人間に特化した病原体に進化した。

病原体の起源を考えると、一五の病原体のうち、八つ（ジフテリア、インフルエンザ、はしか、おたふくかぜ、百日咳、ロタウィルス、天然痘、結核）が家畜から、三つがサル（B型肝炎）や齧歯類（疫病、発疹チフス）から、それぞれ人間に伝搬されたものと思われます。他の四つ（風疹、梅毒、破傷風、腸チフス）は、まだその伝搬源が同定できていません。

一万年前からの農業の発展は、動物病原体の進化に複数の役割を果たしています。一つには、人口の増加と家畜の大きい母集団がともにでき、家畜と人間が密に長期的に混在する状況ができたことです。つまり、狩猟採集民の時代と比べると、動物と共存し、より頻繁に接触するようになったのです。

また、現代でも猛威を振るっているインフルエンザのように、ヒトに感染する病原体に進化するまでの間、家畜がその仲介役を担うことになったと思われる例もあります。

以下にいくつかの病原体のヒトの進化との関係について考えてみます。

## マラリアとの闘い

### ヒトの進化で最も強い選択圧となったマラリア

マラリアは、人類の歴史上長い間、膨大な数の人々、とくに子供を殺戮し、現代においてもアフリカなどで猛威を振るい続けている病原体です。

とりわけ子供を殺す伝染病は、生存のために遺伝子を選択して、事実上、生き延びるのに好ましくない遺伝子型の子孫への伝搬を邪魔することになります。マラリアは、子供に対して大人より二〇倍も高い致死率を持っており、今日においてさえ、この伝染病による世界的な人命の損失は毎年一〇〇万から二七〇〇万人にものぼり、五歳以下の子供では一二秒に一人が死亡しているのです。

マラリアが風土病として蔓延する地域では、感染後の臨床上の重篤さは、人によってかなり大きな違いがあります。幼児が感染すると、通常高熱による症状を呈しますが、その多くは回復します。そして、マラリアに繰り返しかかった後に成長した子供や大人は病原体に対する免疫を獲得し、病気の進行のないまま感染を許容できるようになります。しかし、一部の感染者は、強い貧血症や脳性マラリアのような合併症を持つ激しい症状を呈するようになり、死を迎えることになります。

病原体の媒介となる蚊に刺されるという環境要因に大いに依存しますが、人間の遺伝因子も大切で、アフリカ人の子供の二五％が重い症状になるリスクがあると見積もられています。ヘモグロビンSの対立遺伝子座を持つ人は、この対立遺伝子座を持たない人より重い症状が現れるリスクが一〇倍も低いことがわかっていますが、マラリアへの抵抗性にかかわる遺伝因子の多くはまだわかっていないのです。

このように生殖年齢に達する前に人を死なせてしまうマラリアに対しては、進化の進行時間の中での再現性を確認することができるくらい急速に遺伝子多型の選択が起きる可能性があります。

## 人間とマラリアは一緒に進化してきた

マラリア（*P falciparum*）とその宿主であるヒトは、並行して共進化をしてきたと考えられています。現在、人間に感染するマラリアには四つの種（*P vivax*、*P ovale*、*P malariae*、および*P falciparum*）が存在し、これらはいずれも二億年前の祖先型から派生しています。

チンパンジーに感染する*P reichenowi*という種は*P falciparum*に最も近く、九〇〇〇万から一〇〇〇万年前に、「前‐人間」種が大型類人猿やチンパンジーから分岐した頃、*P* *falciparum* から分岐しています。つまり、マラリアは現代人が現われるよりずっと前から存在していたのです。

そしてホモ・サピエンスがおよそ二〇万年間に現れて以来、私たちは現在の遺伝子型を持つマラリアと共存してきたのです。人類は、一〇万年から四万年前の間にアフリカから移住し、アジア、ヨーロッパ、およびオセアニアに植民しましたが、この間、マラリアによる選択圧の下、血液型多型の遺伝子が、進化をしてきました。

### マラリアとヒト赤血球の変異

七万年前から四〇〇〇年前ごろまで、ヒト赤血球にマラリア感染において生存利点を持つようないくつかの変異が起きたことはよく知られた事実です。

マラリア原虫は、脊椎動物の中では無性生殖を行い、昆虫の中で有性生殖を行います。ヒトは最終的な宿主ではなく中間宿主ですが、ハマダラカで有性生殖を行って増殖した原虫は、スポロゾイト（胞子が殻の中で分裂して外に出たもの）として蚊の唾液腺に集まる性質を持っています。そのため、ヒトが蚊に吸血されるときに、蚊の唾液と一緒に大量の原虫がヒトの体内に送り込まれることになります。

血液中に入ると、四五分程度で肝細胞に取り付いて、肝細胞中で一〜三週間かけて成熟増殖し、メロゾイト（分裂小体）という形で数千個になった段階で、肝細胞を破壊し赤血球に侵入するようになります。メロゾイトは赤血球内で八〜三二個に分裂すると、赤血球を破壊して血液中に出て新たな赤血球に侵入し、このサイクルを繰り返すことで増殖し、ヒトを死へと導くのです。

このため、宿主としてのヒトのマラリア抵抗性は、赤血球でのマラリア増殖経路を抑えるような遺伝的変異に集中して起きています。なかでも、赤血球の主要なタンパク質であるヘモグロビン遺伝子の変異が有名です。

鎌形赤血球症は、ヘモグロビン遺伝子の変異によって、赤血球の形態を変化させ、マラリアの増殖を抑制するようになったものです。この変異は酸素を運ぶ赤血球の機能を低下させ、貧血症を起こすので、この変異をホモ接合体として持つ人は重篤な貧血症で死亡してしまいます。しかし、この変異をヘテロ接合体として持つ人は貧血ではあっても生存でき、しかも、マラリアに感染したとしても、九割以上の人が重篤な病態を示さず、生殖年齢を超えて生存することが可能になります。

このことは、過去に（現在でも）マラリア感染地域であったアフリカなどの地域で、この変異が進化的に有利に働いたと考えられています。同様にヘモグロビン遺伝子に変異をもつヘモグロビンEを持つ人が南東アジアで、ヘモグロビンCを持つ人が鎌形赤血球症と同様に西アフリカで、それぞれマラリアによって引き起こされる重篤な症状から免れてきたと考えられています。

さらに、地中海性貧血症として知られるサラセミアも、同様の効果があるとされています。マラリアに対する抵抗性が有利に働いた証拠として、これらの変異遺伝子を持つ人の集団がこの地域で多くなって現在に至っています。

そのほかにも、膜の変異（球状赤血球症、楕円赤血球症、卵形赤血球症）、および酵素病（グルコース6リン酸デヒドロゲナーゼ欠乏）など、マラリアに抵抗を持つ変異があります。

一万年前ごろになると、農業の普及や、森林の浄化、動物の家畜化などによって蚊が蔓延し、マラリアによる死亡者はさらに増大することになります。このような変化はマラリアの選択圧を強め、その結果、ヒトゲノムにすでに生じていた赤血球の多様な適応型変異をより強く顕在化させた可能性が考えられます。

## 血液型の比率はマラリアが決めた？

最近研究が進んだＡＢＯ血液型とマラリアの関係について紹介します。ＡＢＯ血液型の分類が発見されて以来、ＡＢＯグループと病気との直接の関係について多くの研究が行われています。しかしながら、ヒトの進化の過程でＡＢＯ型がどのように分布してきたかの選択圧については不明のままです。巷では、よく血液型が個々人の性格判断などに使われており、当たっていると思う人も多かったりしますが、これも、とくに医学的あるいは生物学的根拠があるわけではありません。

DNA配列情報から、出アフリカの前に、すでにO型多型が出現していて、その後に進化してきたことが裏づけられますが、これはマラリアの活動に並行していると考えられます。最近のO型の地理分布も、マラリア風土病領域のO型の人の分布も、マラリアがO型を好むという前提によれば選択圧とよく一致していて、マラリア感染が血液型の選択圧力に直接影響を及ぼしたことが推測できます。

ABO血液型は三つの糖鎖抗原の違いに依存しており、この違いは糖転移酵素の特性の違いによっています。A型とB型では、もともと同じ糖転移酵素遺伝子がいくつかの塩基置換による変異によって特異性の違う酵素ができたものです。それに対してO型は、A型酵素の活性を失う変異が生じていると推定されています。

このO型変異は世界中のすべての人種で見つけられるので、おそらく古代人がアフリカから他の地域へと移動してゆく前に、すでにこの変異は出現していたと推定されます。ホモ・サピエンスが誕生してから出アフリカまでの一五万年の間にも、O型を持つ個人はマラリア感染によってわずかずつ選択を受け、ゆるやかながら継続的な増加が起きていました。そして、アフリカから移動していった新たな地域でも、マラリアが発生しうる地域で生活している間に、O型遺伝子変異が次々に導入されたことで、さらに人類の中でその割合を増加させていった可能性が高いのです。

もし、O型遺伝子が生存に利点を持っているとすれば、現在、あるいは以前にマラリアが蔓延した地域では、A型に対するO型の比率がより高いことが予想されます。実際、これを調べてみると、アフリカはO型の比率がとくに高い地域であり、中国でもO型の占める割合は、より多くの熱帯地域を持つ広東では四六%ですが、より寒冷な北京では二七%となっています。他の地域も含めて、マラリアに対してO型が有利であり、A型が不利であるとするならば、ABO型の世界中の分布はマラリアからの選択圧と一致しているといえます。

では、本当にO型の人のほうがA型の人よりマラリアに抵抗性があるのでしょうか。一九九八年に、ジンバブエの四八九人のマラリアに感染した患者の臨床的調査からは、A型の人はより重症になる割合が高く、O型の人はより軽症であるという結果が報告され、その後もスリランカやガンビアなどで類似の報告が行われています。

なぜO型の糖鎖がよりマラリアに抵抗性を持つかというと、O型の糖鎖を持つ赤血球は、A型の糖鎖を持つ赤血球より生体内で他の細胞や組織との接着性が低いためだとの説明がなされています。これはわずかな違いですが、マラリアにとっては大きな環境要因となり、ひいては感染した人の病態に影響し、さらには子孫を残せるかどうかの選択圧として働いていると考えることができます。

## ピロリ菌は人類と一緒にアフリカから世界中に移動した

バリー・J・マーシャルとJ・ロビン・ウォレンは「ピロリ菌と胃炎と十二指腸潰瘍病におけるその役割」に関する彼らの発見で二〇〇五年のノーベル医学生理学賞を受賞しました。ロビン・ウォレンは、約半数の患者で、生検で取られた胃（洞腔）の組織に小さなバクテリアが生息しているのを発見し、さらに、炎症の徴候がいつもその近くに存在しているという重要な観測をしました。

バリー・マーシャルはウォレンに協力し、一〇〇人の患者から採取した胃の生検組織の研究を行い、いくつかの生検組織から未知のバクテリア（のちにピロリ菌とわかる）を培養することに成功し、このバクテリアが、胃炎、十二指腸潰瘍または胃潰瘍のほとんどすべての患者に必ず存在していることに気づいたのです。これらの結果にもとづいて、彼らは、ピロリ菌がこれらの病気の原因となっていると提唱しました。

マーシャルとウォレンがこの菌を発見した一九八二年当時には、ストレスと生活スタイルが十二指腸潰瘍病の主な原因であると考えられていましたが、現在では、ピロリ菌が九〇％以上の十二指腸潰瘍と八〇％の胃潰瘍を引き起こす原因であることが立証されています。

一九〇五年結核菌の研究でノーベル生理医学賞を受けたコッホは、微生物が病気の原因因子であるとするためには、三原則（あるいは四原則）が必要であると提唱しています。

一、その細菌が分離されること。

二、その細菌が同じ病気を起こせること。

三、そして病気になったものから同じ細菌が分離されること。

四、分離した微生物を感受性のある動物に感染させて同じ病気を起こせること。

ピロリ菌と胃炎、十二指腸潰瘍、胃潰瘍の発症の関係においても、この四つを満足する研究結果が得られています。

胃酸分泌を抑制することによって十二指腸潰瘍を癒すこともできますが、バクテリアと慢性の胃炎が残っていると再発することが多いといわれています。そして、ピロリ菌の除去実験によって、菌が胃から根絶されたときだけ、患者が十二指腸潰瘍から回復できることが示されました。

マーシャルとウォレンのこの発見のおかげで、十二指腸潰瘍は、もう慢性の病気ではなく、胃酸分泌抑制剤と短期的な抗生物質の投与で回復可能な病気となったのです。

ピロリ菌はすべての人間のおよそ半分の人の胃に生息しているらせん形のグラム陰性菌で、高い社会経済水準の地域では、発展途上国より感染の割合が低くなっています。

この菌は、母親から幼児に受け渡され、一生を通して胃で生存し続けるのです。ピロリ菌は、人間だけに存在していて、胃酸の存在などあまり好適とはいえない環境に順応して生きている珍しい細菌といえます。

この菌は遺伝的に非常に変化しやすく、感染した一人の人の胃の中のピロリ菌でも、胃粘膜への接着能力や炎症を引き起こす能力など多くの性質で大きく異なり、すべての菌が同一ではなく、感染からの時間に応じて、また、慢性的な感染症が起きている間にも、胃組織の環境変化に順応して変異が起きるのです。

ピロリ菌は、ヒトにのみ生息していること、遺伝的に変化しやすいこと、また、これまでの世界の多様な地域でのピロリ菌の特性が調べられていることから、このバクテリアの遺伝的多様性が人間の地域性や歴史的な移動経路などと関連していると考えるのは妥当です。

二〇〇三年、多様な地域の住民の胃の中から採取した三七〇種のピロリ菌が四つのクラスターに分割できること、このうちの二つのクラスターはさらに細かく分割できること、そして、これらピロリ菌の分類の地理的な位置づけが、ポリネシアの植民地化や、アフリカのバンツー族移動のように、人間の定住の歴史上の主要な出来事をよく反映していることがわかりました。

さらに、ピロリ菌の地理分布と人間の地理的分布との関係を解明するために、五一の民族のソースから単離した七六九株のピロリ菌を用いてさらに検討が進みました。

現在のヒトの遺伝的多様性は、そのアフリカの起源を反映して、東アフリカからの距離にしたがって減少しますが、ピロリ菌の遺伝的多様性のデータセットも同様の傾向を示し、多様性の減少の六割が東アフリカからの距離に起因することがわかりました。このことからも、ヒトとピロリ菌の間には近い関係があると想定されます。

また、人間の遺伝子セットのシミュレーションから、ヒトは五万六〇〇〇年前に東アフリカから移動しはじめたことがわかっていますが、ピロリ菌における同様のシミュレーションでも、それが五万八〇〇〇年前に東アフリカから出たことが示されました。したがって、ピロリ菌は、現代のヒトの祖先がアフリカから脱出するときに、世界中に連れていかれて広まったと考えられます。

ピロリ菌がヒトの歴史的移動のマーカーならば、ヨーロッパのヒトの分布とピロリ菌との多様性の間に相関性を見つけることができるはずです。実際に、ピロリ菌の遺伝子多型と、人間のある酵素の分布状態から想定した移動のパターンとは良い相関を示すデータが得られています。

このように、ピロリ菌とヒトの集団は同じタイムスケールの上で世界中に広まり、それ以来ずっと親密に進化し続けてきているのです。

## らい菌との闘い

### らい菌は単一のクローンだけが人類と一緒に世界中に広がった

ハンセン病は、らい菌への感染から生じます。

ハンセン病は、何千年もの間人類を苦しめてきた病気ですが、一八七三年にハンセンによって病原菌（らい菌）が同定されてからも、その病気と原因因子としてのらい菌との因果関係を明確にすることが難しい病気でした。それは、らい菌は純粋培養でそれを育てることができないことと、感染しても体内での増殖が遅い（およそ一三日間の倍加時間）ということにあります。

ハンセン病は人獣共通感染症として知られていますが、自然動物ではヒトを含めた霊長類とアルマジロ以外に感染する動物は見つかっていません。そのため、ハンセン病の研究にはアルマジロが用いられてきました。しかし、現代では免疫機能不全マウスでも感染・発症することが明らかになったため、研究は主にマウスで行われるようになりました。

こうして、菌が十分な量を得ることができるようになって、生物学的、免疫学的分析研究などが進展しました。インドの患者からのらい菌TN株をアルマジロで増やし、これをらい菌と近親関係にあるヒト結核菌のゲノムと比較したところ、らい菌は結核菌と比べて、その全ゲノム量を著しく減少させてしまっていて、一一三〇個以上の偽遺伝子（進化の間に変異が蓄積して機能を失ってしまった遺伝子）を蓄積しており、自律的増殖ができない進化的経路に向かって進んでいることがわかりました。

すべてのらい菌の株が同様の出来事を受けたかどうかを調べるために、らい菌の遺伝子多型を調べたところ、七株の異種系統のらい菌ゲノムの間ではまったく違いが検出されませんでした。さらに分析精度を上げるため、一塩基変異多型（多型）、選択された遺伝子、非コード領域、および偽遺伝子についてゲノム配列を比較しましたが、その変化はきわめて低いものでした。

これらの結果から、らい菌のゲノムが進化的に例外的に高く保存されていて、現在世界中に存在するらい菌は一種類の株に由来するものであると推定されました。古代の文献からは、およそ紀元前六〇〇年には、中国、インド、およびエジプトにハンセン病が存在していたことがわかります。ハンセン病はインド亜大陸で起こり、アレキサンダー大王のインドからの帰還に伴って、ギリシアから地中海を囲む地域に広がり、ローマ人がヨーロッパの西部地域に持ち込んだとされています。また、インドから中国に、そして、日本やニューカレドニアなどの太平洋の諸島に達したとされています。さらに、アフリカにはヨーロッパか北部アフリカからの感染した移住者、探検家などによって導入されたと考えられますし、アメリカ大陸の大部分は、ヨーロッパからの植民と、北アフリカからの奴隷によってもたらされたとされています。

このようにらい菌は人類の移動を追跡し、現代人の母集団への階段までたどるための例外的に安定したゲノムを伴う有能なマーカーといえるのです。

ハンセン病は世界中で年間約七〇万人が罹患しているといいますが、ハンセン病には強い遺伝的要因があると長い間考えられていました。それはこの菌に感染する人は多くても、発病する人はまれだからです。最近になって、ハンセン病感受性遺伝子座の一つが六番染色体の特定の場所に位置することが明らかになり、この遺伝子座を含む可能性が最も高い染色体区間を対象とした系統的な関連遺伝子探索を行ってこの原因となる遺伝子の同定が進められ、この場所にある、少なくとも二つの遺伝子に共通する調節領域の変異がハンセン病の一般的な危険因子となっていることがわかりました。

さて、らい菌と同じマイコバクテリアに属する結核菌に感染して起きる結核は、ストレプトマイシンなどの結核菌に効果のある抗生物質が発見されて治療に使われるまで、長い間不治の病と恐れられ、かつては日本では国民病・亡国病とまで言われるほどの病気でした。

現在でも日本や欧米を含む世界中に分布しており、とくにエイズによる免疫能の低下などと関連して、毎年三〇〇万人が結核により命を落としている相変わらず恐ろしい感染症なのです。

この結核菌の遺伝子の進化についても研究が行われていますが、ここでは省略します。また、この結核菌に対するヒトの感受性を規定する遺伝子座の研究も進んでいて、一五番染色体に局在する遺伝子が細胞性免疫の調節に働いていて、これら感染症に対する抵抗性に寄与していることもわかってきました。

# 第5章　脳の大きさと進化

## 脳の大きさと人類の進化

### とびぬけているヒトの脳の相対的大きさ

ヒトの進化を考えるうえで、脳の果たした役割は重要であり、とくに、脳の大きさは古代人類の化石の調査からも繰り返し指摘されてきた重要な要因です。ヒトを含む脊椎動物における相対的な脳のサイズ（体の大きさに対する脳の大きさ）の違いには驚くべきものがあります。ほかの動物と比較すると、鳥類は、哺乳類と同じく体重に比較して大きな脳を持っていることがわかっています。ただし、鳥類と哺乳類では脳の進化のしかたが違っています。鳥類の脳容量の増加は、大脳新皮質を作らずに大脳半球が拡大したことによるもので、これは爬虫類の脳の構造を基本的に維持しながら進行したためです。一方、哺乳類は、大脳新皮質を発達させることによって脳を大きくしたとされています。

哺乳類の種間でも、相対的な脳の大きさは著しく異なります。マウスの相対的脳サイズを一としますと、サルは四、ヒトは一五となり、ヒトは単に大きな脳サイズを持っているだけでなく、体の中で脳の占める割合が一番大きい動物であるといえます。脳サイズが大きくなるとお産のときに産道を通過するのにそれだけ困難が伴い、進化上不利になると考えられますが、これを克服しつつ大きい脳を確保するために、ヒトは大人の脳と比べて比較的小さい脳のサイズを持つ子供を産み、その後に大きく成長させることによって、進化上の課題を解決してきたと考えられます。

## ヒトの脳は生後ゆっくりと大きくなるのが特徴

現生人類では、出生時には、大人の脳の二五％程度の大きさで生まれます。そして、生まれてから一年の間は胎児のときと同じくらい早い速度で成長し続け、一年後には大人の五〇％の大きさまで増加します。さらに一〇歳ごろまでかかって大人の九五％の大きさにまで達します。

一方、ほかの霊長類では、脳の成長は生まれると急激に遅くなってしまいます。マッカッカサルの新生児は成獣の脳の七〇％のサイズを持って生まれてきますし、チンパンジーはより中間的ですが、成獣のおよそ四〇％のサイズで生まれ、一年たつと成獣の脳の八〇％にまでに達してしまいます。

ヒトの脳は緩やかに発育するため、現生人類の子供でも何年間も親のサポートを必要とすることになりますが、これは人類にとってマイナス面ではなくて、幼児はその豊かな環境の中で外界と相互作用をして、結果として十分な認識力を開発するために必要な期間となると考えられます。後で詳しく述べるように、幼児の周囲の環境と発育中の感覚運動皮質との長い間の相互作用が、話し言葉の開発に必要とされています。

出生後の脳の増大は、人類の進化の顕著な特徴といえますが、類人猿や古代人類の化石の、出生時の新生児の脳の大きさを正確に見積もることができれば、産道を通るときの脳の大きさが規制されることと、生まれた後の脳の発育に関する問題について、より明確な説明ができるようになります。

## ホモ・エレクトスまでは産道の大きさが脳の大きさの決め手

新生児の頭は脆弱なため、脳の大きさを測定できるような化石が少なく、大人の頭の大きさから新生児の頭の大きさを推定するしかありません。これまでの計算には、いくつかの理由で正しいかどうか疑問がありましたが、最近、新しい推計法が導入され、より正確に予測できるようになりました。

アウストラロピテクスの新生児の頭蓋の大きさは、平均一八〇ccと予測され、これはチンパンジーの新生児脳のサイズよりわずかに大きい程度でした。その後の進化過程で、新生児脳のサイズは、初期のホモ族では二二五cc、ホモ・エレクトスでは二七〇ccにまで増えています。

最近新たに発見された化石の骨盤の形から、ホモ・エレクトスの子供の脳は、これまで考えられていたより三〇パーセント以上も大きく、出生前の脳の成長速度は現生人類と同じであったと推定されました。一方、出生後の脳と身体の成長速度は、チンパンジーと現生人類との中間であると考えられます。したがって、少なくともホモ・エレクトスに至る人類の進化の過程では、大きな脳を持つ子を出産するために、母親の骨盤の拡大が進化的に促進されたのではないかと考えられます。

つまり、人間の母親は、他の類人猿と比べれば異常に大きい脳を持つ新生児を生むように見えますが、新生児の脳が大きくなる進化速度は、とくに異常なものではなくて、まず、母胎の骨盤の広さの限界まで新生児の脳が大きくなり、その後に、ヒトだけが出生後の脳の成長を拡大させることによって、ほかの類人猿より大きな脳を持つようになったように見えます。

## 歯の成長から脳の成長を予測できる

また、脳の大きさ、初産年齢、寿命その他の生活史上の特徴は、歯の成長と密接に関係しているため、現生人類の歯の成長過程は、脳の成長の進みかたの代用指標として判断できるとみなされています。ヒト属に分類される最古の化石の、歯のエナメル質の成長の変動性を調べると、成長期の現生人類の場合とは似ていないことがわかりました。

ある研究報告では、一三例のヒト亜科化石に一日ごとの増量分を識別する手法を用いて、歯の形成時間を決める重要な決定因子であるエナメル質形成速度を計算し、その変動幅を決定しています。すると、アウストラロピテクスと初期ホモ属に分類される化石は、どちらの歯のエナメル質の成長経過も、むしろ、アフリカ産の類人猿に似ているという結論になりました。また、二つのホモ・エレクトスの標本を分析してわかった歯の形成時間も、現生人類よりも短いことがわかりました。これらの結果から、古代人類では、脳の成熟化は生後比較的短い間に起きたと考えられます。

したがって、生後に脳がゆっくりと大きくなるのは、ホモ属での進化の過程では比較的最近に現れたことになります。それゆえ、初期のホモ属はホモ・サピエンスの認知技術に匹敵する能力は持っていなかったと予想されます。

## ネアンデルタール人も生後ゆっくりと脳が大きくなった

ネアンデルタール人の二人の幼児の化石の分析から、ネアンデルタール人の新生児の脳のサイズは、現生人類と同じであり、また、ネアンデルタール人の産道は比較的狭く、お産時の条件もホモ・サピエンスと同様であったと予想されています。ネアンデルタール人の幼児の脳の成長は速いものの、ある程度脳が大きくなると、そのあとは、ゆっくりと成長して、かなりの大きさになることが想定されました。このゆっくりとした脳の成長には、母親をはじめとして外的な保護が必要となりますので、ネアンデルタール人の生活史は、現生人類と同じか、もっとゆっくりとしたものではないかと考えられます。

## 咀嚼力の減少が脳の大きさの増加をもたらした？

ヒト属には、他の類人猿との違いをもたらす頭や顔の形態的あるいは機能的特徴の進化がありますが、その一つに、食物を破砕するための顎の筋肉の減少があります。チンパンジーやゴリラなど大部分の霊長類には強力な咀嚼筋が見られますし、古代人類のアウストラロピテクスやパラントロプスといったヒト科の絶滅した属にもこのような強力な咀嚼筋があって、それが顕著な適応の一部でもあったと考えられます。対照的に、ホモ属では、現生種と化石種のどちらにおいても咀嚼筋はかなり小さいことがわかっています。すなわち、進化途上にあるヒト科の咀嚼装置は中新世後期のチンパンジー様の形態にまで遡ることができ、初期のヒト属において脳が加速的に大きくなってゆくのとほぼ同時に「きゃしゃな顎」に転向したと思われます。

このような変化の原因は何でしょう？　この咀嚼筋で主に発現している筋タンパク質はミオシン重鎖のＭＹＨ１６という遺伝子ですが、先に述べたように、この遺伝子が、ヒトへの系統とチンパンジーへの系統が分かれたあとの遺伝子変異によって不活性化されたことが示されています。つまり、ヒトにつながる系統の進化上では、この遺伝子には負の選択が起きたと推定され、これが、個々の筋繊維および咀嚼筋全体の顕著な減少と関連したと予想できます。この変異が現れたのはおよそ二四〇万年前と算定され、この年代は現生人類と同じ体のサイズが現れた年代や、ヒト属がアフリカから各地に分散・移住した年代よりもずっと古いものです。

咀嚼筋の減退は、ホモ属の更新世の進化を特徴づける頭蓋の著しい増大に役立ったのではないかと言われています。つまり、ＭＹＨ１６遺伝子を不活発にする遺伝子変異が、咀嚼筋を小さくし、そのことによって頭蓋が大きくなるのを抑えていた負の制約が除かれた結果、頭蓋が大きくなり、それに伴った脳の大きさの増加をもたらした可能性がでてきます。つまり、頭蓋骨をきつく縛り上げていたひもの一本が切れたことで、頭蓋に自由度が出て、内容物の脳が大きくなる余裕ができたのです。

一方で、この顎の咀嚼力の変化は、結果としてホモ属と他の類人猿との食性の違いにつながり、さらに大きな脳の活動を維持するために必要となる栄養の摂取、つまり菜食主義者から狩猟採集民への変換にも関係していきます。このように、たった一つの遺伝子の変異が二つの出来事を同時に引き起こして、脳の大きさを相乗的に増やす方向に有利な力に働いたというのは、進化の上から大変面白い視点といえます。

## 脳の大きさを決定する遺伝子ミクロセファリンの発見

ホモ・サピエンスが他の霊長類と最も異なる点は、脳が例外的に大きなサイズを持っていることと、その形態と生理機能の複雑さです。

これまでは、脳の大きさについて化石をもとにした議論、つまり、頭蓋骨の大きさで脳の大きさを議論してきたのですが、もちろん、脳の大きさの意味は脳神経組織の大きさに意味があります。そこで、脳の大きさは、脳組織の主要な構成細胞である神経細胞の総数が多いかどうかということになります。

最近の研究から、こうした人間の脳神経組織の大きさや機能の特徴を規定していると思われるいくつかの特定の遺伝子の候補が推定されるようになりました。

これらの一つがミクロセファリンという遺伝子でとくに、発達段階の脳サイズの制御にかかわっていると推測されています。

この遺伝子の変異は、異常小頭症を引き起こすことがわかっています。異常小頭症は、精神遅滞を伴う脳のサイズの減少が認められますが、脳の基本的な構造はきちんと保たれていますし、そのほかの神経系の明白な異常が認められないことが、厳密な臨床的な定義とされています。

正常な成人の脳サイズが一二〇〇から一六〇〇ccであるのに対してミクロセファリン遺伝子の変異を持つ患者は、脳のサイズはおよそ四〇〇ccと著しく小さく、また大脳皮質もとくに小さいことが特徴的です。ミクロセファリンは、神経発生の時期に神経芽細胞の増殖と分化を制御すると考えられており、それはいくつかの実験や観察結果によって支持されています。

ヒトの脳には、大脳だけで一〇〇億、脊髄まで全部を入れると約一〇〇〇億の神経細胞があるといわれています。脳の機能的大きさは、神経細胞のサイズとおたがいの神経線維で構成するネットワークの複雑さによると思われますが、ミクロセファリンは細胞増殖を促進する効果があるので、その働きが強まれば神経細胞の数がより多くなり、結果として脳が増大することになります。

## ミクロセファリン遺伝子はヒトで加速進化してヒトの脳を大きくした

このように、ミクロセファリンが脳の大きさと機能の進化に大きく貢献したのではないかという仮説が立てられると、その立証に拍車がかけられました。最近、ミクロセファリンの系統発生的な遺伝子解析の結果から、現代人につながる系統では、この遺伝子に強い正の選択が起きていたとする証拠が得られています。

また、この遺伝子の正の選択は、古代に起こっただけでなく、現代のわれわれでも、まだ続行している可能性があると言われています。

ヒトのミクロセファリン遺伝子の塩基配列が解読されたあと、二七名のヒト遺伝子の全塩基配列を決定し、個人間で違いがあるかどうかを調べたところ、一つの多型が他の多型に比べて、はるかに高い頻度で存在することがわかりました。この多型は、この遺伝子の配列の中の九四〇番目の塩基のグアニンがシトシンに置き換わっていたために、このタンパク質の三一四番目のアミノ酸残基がアスパラギン酸からヒスチジンに変化しているものでした。

この多型が現代人の高頻度で存在したのは、人類進化の過程で正の選択が起きたからではないかと考え、もっと多くのヒトの遺伝子配列について比較して検討し、さらに、この多型の先祖の状態を知るために、チンパンジーの遺伝子とも比較しました。

その結果、調べた八九人のゲノムの中で、遺伝子配列中に八六種類の多型が見つかりました。

そして、これらの多型が人類進化の過程で生じた頻度を調べると、他の八五の多型が六・二％という低い頻度であったのに対し、先のアミノ酸変化を示す多型だけが三三％という異常に高い頻度で現れることがわかったのです。

この結果、ミクロセファリン遺伝子のこの多型を持つ現代人は、進化の過程で正の選択を受けてきた集団であり、人類が大きな脳を持つようになることと大きな相関があるものと推定されました。しかも、この多型を持つ人々は、現代のわれわれの集団の中でも正の選択を受け続けている、つまり、集団の中で人口を増やし続けているということになるのです。もちろんこのスピードは文明の歴史などと較べられるような速さではありませんので、周りの人の中で、大きな脳を持った人が急に増えたなどと感じることができるようなものではありません。

## ミクロセファリン遺伝子と知能の関係

ミクロセファリン遺伝子の適応型の進化が、現在においても進行中であるということから、それがヒトの脳の知的能力の出現の進化的基礎となっているかどうかに興味が持たれました。

そこで、この遺伝子の適応型対立遺伝子座と、知的能力の一つの指標であるＩＱとの間に相関性があるかどうか、二三九三人のサンプルを用いた総合的な調査が行われたのですが、ミクロセファリンの適応型進化を示す遺伝型とＩＱとの間には何の関係もないという結論に達しました。この結果は、ミクロセファリンの適応型進化は、直接知的能力の増大にかかわったというより、自然選択の上で、他の何らかの有利な条件を担っていたことを予想させますが、その条件がどのようなものかは、未知のままです。

## 脳の大きさと知性

脳の大きさと知性の関係は昔から興味が持たれていることです。東大医学部の標本として残されている夏目漱石の脳は一四二五グラムと、平均値（一四〇〇グラム）よりやや大きく、ロシアの文豪イワン・ツルゲーネフ（二〇一二グラム）、ドイツの哲学者カント（一六〇〇グラム）も平均より大きめです。一方、アインシュタインは一二三〇g、フランスの文豪アナトール・フランスは一〇一七gと小さいので、脳の大きさと知性とは一致していないというのが、一般的な見方になっています。一方で、脳画像科学の構造的研究の一般的な結論は、知性と脳の総容量の間に緩やかな正の相関があるとしています。しかし、知性と関係する脳の領域は、活動の特性や発育段階に依存して変化するかもしれないので、こうした一般的な知能に関する個人の安定した形質を、脳の解剖学的特性と直接関係させて解析することはなかなか難しいことと思われます。

とくに、成長が速い小児期や青年期の脳の形態や大きさの変化について、系統的な調査は行われていませんでしたが、最近、三〇七人というたくさんの人たちを対象として、幼年期から成人期までの脳の発達の調査が行われ、知能と脳構造との間に、ある程度確かな相関性があるという結果が報告されました。

ここでは、脳画像解析を繰り返して脳領域の活動を測定する一方で、ウェクスラー知能検査という分析法に基づいて、「知能指数」（ＩＱ）をクラス分けしました。この知能測定法では、言語的あるいは動作的な知識と理由づけを評価するテストにもとづいてＩＱを測定します。さらに、正常な脳の発達の敏感なインデックスである、すべての大脳領域の皮質の厚さを測定しました。

その結果、知性と大脳皮質の厚さそのものが相関するのではなく、大脳皮質の厚さの変化の軌跡が、知性の発達と最もよく相関するという結果になりました。脳の皮質の厚さを成長の時間軸に沿って追跡すると、幼児期には知能と皮質の厚さの関係は主に負の相関を示していますが、小児期以降になると著しい変化が起き、正の相関を示すようになるのです。

さらに、三〇七人それぞれの膨大な脳画像の測定結果とＩＱの調査結果が得られたところで、対象者を、ＩＱをもとにして、知性的にとくに優れている者、高い者、平均的な者の三つのグループに分けて、この三つのグループの画像結果を、七歳から一九歳までの成長過程に沿って図示し、その特徴を探しました。すると、上前頭回、前頭前皮質などの皮質の厚さの変化について明確な差があることがわかりました。優れた知性グループでは、測定を始めた七歳では、ほかのグループと比べて比較的薄い皮質を持っているのですが、一一歳で最大値に達するまで皮質の厚さの際立った増加が起こります。そして、それ以降は皮質の厚さは一九歳まで減少してゆきます。

対照的に、平均的知性グループは七〜八歳のときには優れた知性グループより厚い皮質を持っていますが、その後とくに皮質の厚さは増加することなく早くから安定した衰退曲線を示します。高い知性グループの皮質の厚さはわずかに増加を示すものの、平均的知性グループに近いという中間的パターンを示していました。

このような皮質が厚くなる変化の速度を調べると、優れた知性グループは小児期の初期に速いのですが、厚くなる速度は成長とともに急激に減衰していきます。一方、高い、あるいは平均的な知性グループでは皮質が厚くなる変化の速度は小児期の初期から遅く、成長とともに緩やかな減衰を示しています。したがって、優れた知性グループでは、小児期の初期には、皮質の厚さが急速に増加し、それ以後はまた急速に薄くなっていくというように、皮質層のダイナミックな変動が起きることが特徴といえます。

このような優れた知性グループの脳の各領域の皮質の厚さの変化の七歳から一六歳までの年齢変化として図示すると、はじめ上前頭回は薄い皮質を持っていましたが、その厚さは急速な増加を示し、一一歳までには、右と中央の上前頭回の前側の皮質が厚くなり、さらにより後部の領域の厚さが広がってゆきます。思春期以後は、領域的に違いを見せながらも皮質は急速に薄くなってゆきます。

この調査結果は、知性が幼年期から十代にかけての皮質の成長のパターンに関連していることを示すものです。なかでも前部前頭葉の皮質の変化が最も際立っています。これは、側部の前部前頭葉の皮質の起動がさまざまな知能検査で共通に認められ、正面の皮質の起動の大きさが知性と強く関連するという機能的磁気共鳴画像装置の研究結果とも一致しています。

## まとめ

これまで述べてきたように、ヒトでは、頭の大きさは大きくなる方向で進化が進んできていますが、人類の化石の頭蓋の分析からは、その大きさの進化はそのまま進まず、むしろ少し小さくなっているようです。これは、頭蓋が大きすぎると、産道を通ることが難しく、もし生まれても障害を負うなど生存能力が低いため、頭蓋増大に向かう進化は一定のバランスの上でとどまってしまったのだと考えられます。

一方で、ミクロセファリン遺伝子の進化は今も進んでいます。この進化は、頭蓋の大きさではなく、その中に入る脳の大きさ、さらには脳の神経細胞の数の増大を調節しているものです。頭蓋の大きさが変わらないまま、脳細胞が増えてゆき、脳の量が増大してしまうと、どうなるでしょうか。脳細胞はそれまで以上に窮屈な空間にむりやり押し込められてしまうことになります。その結果、神経細胞はおたがいにより近くに接触しあうことになり、それによって神経ネットワークは緊密になり高度の情報をやり取りできるようになる可能性があります。ＩＱと脳の量の変化の相関性についての研究からも、脳の大きさだけでなく、実質的な脳の密度にも大きな意味があることがわかります。実際ヒトの脳はほかの動物に比べてしわが多く、それもこの頭蓋と脳の量のアンバランスな進化の結果かもしれません。

# 第６章　現代人への加速的な進化

## 遺伝子の比較で進化の道筋を追跡する

ある遺伝子について、進化の過程で自然選択が起きたかどうかは、その遺伝子の多様性のパターンを解析し、種内と種間で比較することで推論することができます。

たとえば、ある遺伝子に起きた「非同義」の変異（もとのアミノ酸と違うアミノ酸をつくってしまう変異：Ｋａ）と、「同義」の変異（遺伝暗号は変わっても同じアミノ酸ができる中立的変異：Ｋｓ）の比率を考えてみましょう。Ｋｓはランダムな変異率（進化の過程で、時間とともに一定の頻度で自然に起きる遺伝子変異の頻度）を表していますが、これは、同義の変異があっても、その遺伝子がコードしているタンパク質はまったくアミノ酸配列の変化が起きていないので、表現型としては変異が起きなかったと同じことになり、進化過程での選択圧をまったく受けることがないと予想され、遺伝子変異のスピードを表す指標となるのです。

一方、非同義の変異を表すＫａは、その遺伝子がコードするタンパク質のアミノ酸配列を変化させ、結果としてその機能に影響を与えるので、もしその変異が示す表現型がその生物の生存に影響を及ぼす可能性があれば、進化の選択圧の効果が現れることになるでしょう。

ですから、ＫａとＫｓを比較して、Ｋａ＝Ｋｓであれば、この遺伝子は進化過程でまったく選択圧の影響を受けなかったと判断できます。

そして、Ｋａ＞Ｋｓであれば、このアミノ酸変化が進化過程で選択圧を受けた結果、その集団を増やすことで、進化が加速していることを示し、このアミノ酸変化は正の選択を受けたと判断することができます。

逆に、Ｋａ＜Ｋｓであるなら、このアミノ酸変化は生存にマイナスの効果を持っていたため、進化の過程でその集団の数を減少させてゆくことになり、淘汰されてしまったと判断されます。

このような変異は系統樹内のどんな家系にも起こりえて、異なった分枝上の系列では異なった選択圧が生ずることがあるので、二つの家系だけの比較では不十分です。そこで、調べようとする二つの家系とは共通の先祖を持ちながらも、二つの家系が分枝するより以前に分岐して離れている「外群」の系列を対照として比較することにより、初めて先祖の状態と、家系に特有の性質の分析が可能となります。

ヒトの遺伝子の進化を調べる場合には、ヒトと外群としてのチンパンジーを比較することによって、ヒトの家系に特有のＫａ／Ｋｓ比を算出することができ、チンパンジーから分岐した後で、ヒトの家系で正の選択が起きたかどうかを識別することができます。

このように、ヒトの集団の種内の遺伝子多様性を霊長類の遺伝子情報と比較するという遺伝子解析手段を用いれば、比較的最近に選択が起きたと思われる遺伝子を、ヒトゲノム上のどの位置であっても同定することが可能となってきました。

そして、特定の遺伝子についてはもちろんのこと、ゲノム全体の中から正の選択が起きている領域を探し出すことも可能になってきました。現在、一二万個に及ぶヒトの多型の予備的な分析から、七つの大きいゲノム領域がその多様性を減少させているという徴候を示していることがわかっています。これらの特徴は、人類の進化の間に加速的な進化が起きた可能性を示すとともに、この遺伝子領域の中に、言語機能などヒトに特有の形質が進化してくるのに働いたと思われる候補遺伝子が含まれている可能性があります。

このような解析手法は、ヒトの系列の進化だけでなく、たとえばヒトとチンパンジーを外群としてマウスのゲノムと比較すれば、霊長類へとつながる系統の進化の道筋を追跡することもできます。

このようにして、直接ヒトとチンパンジーの見かけ上の違い、行動、脳の認知活動等の違いを調べなくても、遺伝子だけを比較することで、ヒトへの進化と対応している遺伝子群を抽出することが可能です。そして、それぞれの特定の遺伝子の機能や、おたがいのネットワークなどを調べてゆけば、どのような自然選択を受けて認知活動などの複雑な生理的機能の違いが生まれたのかを知ることもできるようになるでしょう。

このようなゲノム解析は、膨大なゲノム情報を駆使したコンピューター解析を必要としますので、現在世界中の多数の研究者の共同作業として進められています。その成果が集まってくれば、近い将来、まさに「われわれはどこから来たのか」に対する回答を、より確かな証拠のもとに示すことができるようになるでしょう。

ここでは、こうした研究の中から、一部のトピックについて以下に紹介します。

## ヒトとチンパンジーの差は、構造遺伝子の違いではなく、その調節領域の違いにある

ヒトとチンパンジーの遺伝子配列は少なくとも九八%が共通ですが、チンパンジーは絶滅が危惧されるような種で、反対に人間は地球全体を変えるような優れた認識力を持っています。

このような差がどうして起こったのかについて、遺伝学者たちは、遺伝子がコードするタンパク質の構造的違いではなくて、それらの遺伝子の発現において違いがあるのではないかと推測していました。つまり、知覚、振る舞い、および記憶などに関係した遺伝子の発現を制御する重要な調節領域に変異が起き、これが進化の過程でヒトにのみ有利に働くような選択を受けたのではないかという可能性です。最近のヒトとチンパンジーの脳での遺伝子の発現調節領域の違いの比較から、このような仮説が一部では正しそうであることがわかってきました。

人間とほかの動物を最も近い大型類人猿と比較したとしても最も目立っているのは認識、行動、食事の違いです。このような特色は人間の生存にとって多くの局面で不可欠な特質であり、その多くが適応によって生じたものであるといえます。ですからゲノム解析から正の選択をする遺伝子を抽出すれば、当然こうした生理機能に関係した遺伝子が上がってくると予想されます。

しかし実際には、ヒトとチンパンジーのゲノム全体の遺伝子の配列を比較したとき、免疫、嗅覚、精子形成などで働いている遺伝子には正の選択が目立つものの、神経系あるいは食物の代謝過程で機能している遺伝子に正の選択があるかどうかに関する証拠はあまりはっきりしていないのです。

## ヒトの遺伝子の調節領域は構造遺伝子よりも正の選択を受けやすい

この理由として、自然の変化など外界の環境の変化に適応するには、タンパク質の機能を大きく変えるのではなく、これら遺伝子を調節のしかたを変化させるほうが有利であった可能性が考えられます。

最近、このような遺伝子の調節領域の選択圧について確証を得るための研究が始められています。前に述べたように、ミルクの分解にかかわるラクターゼ遺伝子では、この調節領域に正の選択があることがわかり、進化の妥当性が受け入れられています。

そして、こうした個別の遺伝子についてだけでなく、ゲノム配列情報から推定される膨大な遺伝子全体について、その調節領域について正の選択があるものを選び出そうという研究も進んでいます。

最近、国際共同研究チームは、プロダイノルフィン遺伝子が調節配列の正の選択を受けていることを突き止めました。プロダイノルフィン遺伝子は複数の学習や痛み、社会的接着などの多様な精神活動に関係する「内因性オピオイド」を作り出す前駆体タンパク質をコードしていて、結果として、ダイノルフィンA、ダイノルフィンB、αネオエンドルフィン、βネオエンドルフィン、大ダイノルフィン、ロイシン‐エンケファリンなど6種のオピオイドペプチドを作り出します。

この遺伝子は、自分のコード領域の上流に位置する領域によって発現の調節を受けますが、ヒトでは、この六八塩基対からなる配列が、人によって一コピーしか持たない人から、四コピー持つ人まで幅があることが知られていて、しかも、このコピー数の変化は、統合失調症、コカイン中毒、およびてんかんなどと関連していることがあるとわかっていました。そこで、チンパンジー、ゴリラ、およびオランウータンを含む七種類の霊長類三二頭の染色体と七四人のヒトの染色体のサンプルを調べてみると、ヒト以外の霊長類ではすべてこの配列は一コピーであり、ヒトだけが多数コピーであり、しかもすべてのヒトの配列には、他の霊長類で見られなかった五カ所のＤＮＡ変異があったのです。この変異のパターンから、プロダイノルフィン遺伝子の調節領域は約五〇〇万年から七〇〇万年前にチンパンジーから分岐し、ヒトへの系列のみが自然選択を受けたと結論しています。

このヒトとチンパンジーの調節領域の違いが実際に遺伝子発現を変えるかどうかを確認するために、チンパンジーとヒトのプロモーターをヒトの神経系細胞に遺伝子導入して調べたところ、ヒトの調節領域はチンパンジーより二〇％高い発現を誘導することが確認されました。つまり、プロダイノルフィンというタンパク質は両者でまったく構造的に同じですが、ヒトでは二〇％発現量が多くなるような調節領域に変異が生じたことで、認識に関係する脳機能が高まり、自然選択を受けたと考えることができるのです。もちろん、この遺伝子変化の選択が、ヒトを人間たらしめたというのは早計ですが、ヒトへの進化の道筋の一つの要因となった可能性が高いのです。

これまで、動物に痛みを生じる刺激と組み合わされた条件刺激を繰り返し与えると、恐怖反応が徐々に小さくなっていくことが知られていて、この過程が扁桃体内部の可塑的変化に依存していることもわかっています。内因性オピオイドは、その受容体に結合すると、性的行動、嗜好、恐怖、心配などに関係した神経回路として働きます。とくにエンケファリンは恐怖と心配を抑制する神経回路として、ヒトの不安障害と関係すると考えらえます。

こうした事実を考えると、プロダイノルフィン遺伝子の正の選択によって、ヒトではチンパンジーよりエンケファリン量が増え、恐怖心が抑制され、怖いもの知らずになったことによって、行動の幅が広がっていったとも考えられますが、その証明は今後の課題です。

### 神経機能や代謝に関連した遺伝子の調節領域が正の選択を受けている

このような特定の遺伝子が例示されたことに勇気づけられて、最近、さらに広範囲なゲノム領域を対象に同様の研究が進んでいます。すると、六二八〇個の遺伝子の調節領域を調べた中で、少なくとも二五〇が正の選択を受けていたという結果になりました。ここで分析した遺伝子はヒトの遺伝子全体のおよそ三分の一に相当するので、ヒトゲノム全体では、少なくとも七五〇の遺伝子の調節領域が正の選択を受けていると見積もることができます。チンパンジーでも同様に正の選択を受けていますが、ヒトとチンパンジーで正の選択を受ける遺伝子は必ずしも同じではありません。

さて、ヒトで強い正の選択を受けている一〇〇個を選び出し、その遺伝子の特徴を調べてみますと、神経機能と神経発生に関係した遺伝子、具体的には、神経発生や外胚葉の発生、シナプス伝達、軸索誘導、シナプス形成などニューロンの活動にかかわるものが一二個も含まれていました。これらはてんかん、神経遅延、クロイツフェルトヤコブ病、アルツハイマー病といった神経疾患に関連していることが報告されています。

また神経関係の遺伝子とともに正の選択を受けている遺伝子としてクローズアップされてくるのが、食物摂取、消化、および代謝などに関係した遺伝子です。

なかでも、グルコース代謝の調節にかかわる遺伝子が強く正の選択を受けていることは重要で、その多くは、２型糖尿病と高インスリン血症や低血糖症などに関連しているものでした。その他にもアミノ酸や脂質、多数の消化や代謝に関連する遺伝子が正の選択を受けていることがはっきりしています。

## ヒトの適応の多様性は、調節領域の正の選択によりもたらされた？

タンパク質の機能を変えるような構造遺伝子の変異がもっと、個体の生存そのものを危険にさらしてしまうことになるのに対して、調節領域の変異はもっと穏やかで、タンパク質をつくる量を少し変えることで外界の変化に適応するということです。

さらに、遺伝子の調節領域というのは、それぞれ複数の関連した遺伝子を受けもっているので、変異によって選択圧に関係しているタンパク質の生産量をたがいに微調整することで、精密な適応力を獲得することができ、結果として適者生存の効果が強まり、正の選択を受けやすかったと考えられます。

## 食材はヒトの遺伝形質を変えたか

ヒトと他の霊長類では、そのゲノムＤＮＡの配列上の差以上に、環境上の、あるいは文化上の大きな違いがあります。このような違いによって表現型の違いが生ずることにも進化上意味があったと思われます。

ヒトとチンパンジーの文化の相違に関する一つの例が食事です。地域によって違いはありますが、ヒトは長いあいだ食材を煮たり焼いたりして食べ、また他の霊長類よりもタンパク質の多い食事をしてきたので、チンパンジーとは異なった生理状態となり、これがひいては遺伝子レベルの適応的な調節をもたらし、進化が進んだと考えることも可能です。

実際、食事が遺伝子レベルの適応を引き起こすことがあるのは、すでに述べたように、でんぷんの豊富な食物を消費する地域の人々でのアミラーゼ遺伝子コピーの増加や、酪農を主とする地域の人々のラクターゼの変異などで例証されています。

## 火を使って調理することが正の選択に影響した？

ヒトは加熱した食物を食べる唯一の霊長類であり、火をうまく使うようになった最も初期の証拠は、四〇万年前にまで遡ることができます。食物を加熱することで栄養豊富な肉の消費を増やすことが可能になり、他の近縁種とは異なった食事のスタイルを作り出してきたのです。

このような変化は、肝臓や腎臓などの特定の臓器の代謝経路において、関連する遺伝子の発現量の調整を強い、それが、現代のヒトへとつながる進化をもたらした可能性があります。

しかし、ヒトの通常の食事と野生のチンパンジーなどが食べている食材が、それぞれの遺伝子発現にどのように影響を与えているかを直接比較しても、それはほとんど種の差であるといわれてしまい、食事の違いだと主張するのは難しいと思われます。

そこで、これはある意味で突飛な実験手法ですが、マウスに、ヒトチンパンジーの典型的な食事を与えたとき、マウスの遺伝子発現にどのような差が出るかを観察した人がいました。つまり、食べ物によってマウスの各組織での遺伝子発現に変化が起きるかを調べたのです。

実際にどんな食事をマウスに与えたかを見てみますと、まず、対照となるマウスには、いつもマウスが飼育時に食べている固形食が与えられました。これはカロリー比率で、炭水化物（五八％）、タンパク質（三三％）、脂肪（九％）と、生のタンパク質（一九％）、生の脂肪（三・三％）、灰分（六・四％）、糖分（四・七％）などを含んだものです。

チンパンジー役のマウスには、生のままのバナナ、りんご、ぶどう、キウイ、パイナップル、マンゴなどの果物、セロリ、赤カブ、きゅうり、ピーマン、トマト、にんじんなど菜食主義者のエサが与えられました。

一方、人間役のマウスのエサは、欧米のカフェテリアの料理にでてくるような、ルッコラ、リゾット、ゆでたジャガイモやキャベツ、焼いた鳩胸肉、白米、焼いたズッキーニ、煮たトマト、野菜クロッケー、野菜フライ、ザウアークラウト、パンケーキ、ローストビーフ、パスタ、天ぷらなど美食家の料理です。

さらに、別のマウス群には、人間のファストフードとして、マクドナルドのチーズバーガー、フライドポテト、アップルパイ、チキンマックナゲット、果物、ヨーグルト、ベーコン、マックマフィン、卵などが与えられています。

その結果、チンパンジーと人間の食材の違いは、マウスの肝臓での遺伝子発現のパターンにかなり大きな差を与えていることがわかりましたが、脳での遺伝子発現にはほとんど差がありませんでした。

しかし重要なことは、実際の人間とチンパンジーの遺伝子発現のパターンを比較したときに、肝臓での遺伝子発現に差が見られる遺伝子の一〇%は、人間とチンパンジーの食事を与えられたマウスの肝臓で発現に差があった遺伝子であったということです。

つまり、人間とチンパンジーの差の一部は、両者が食べている食材の違いによって生じていたことになります。

さらに興味あることに、このように差が見出された食事関連の遺伝子は、他の無作為に選んだ遺伝子よりも、その構造においても調節領域においても、ヒトとチンパンジーでは大きな違いを示しているということです。

すなわち、ヒトと他の霊長類は分岐して以後、長い間異なる食物を食べているうちに、それぞれの食材を効率よく栄養に変えるために、構造遺伝子や発現調節にかかわる領域の変異を選択してきたので、さらに際立った違いが生じたのだと推論することができるでしょう。

なお、この突飛とも思える研究には、先にネアンデルタール人の化石から、そのゲノム情報の決定を行っているペーボ博士が参画しています。

## エネルギー代謝と脳の進化

五〇〇万年から七〇〇万年前からの人類の進化の間に、私たちの脳はユニークな認識力をもたらすように劇的な変化を遂げたのですが、これらの能力の進化の原因となる分子変化は未知のままです。

人間に最も近い現存の親類であるチンパンジーの遺伝子との比較から、ＤＮＡ配列上の情報では大きな違いはないものの、遺伝子の発現レベルでは二つの種の間で大きな違いがあることがわかりました。しかし、これらの違いの多くは、どうも認識力の進化には役立っているようには見えないので、そこから脳との関連性を探し出すのは困難な仕事です。

人間の認識力に関連する進化を識別するのが難しいもう一つの理由は、高度な認識機能の基礎となる分子機構について知識が乏しいことです。モデル生物では、人間特有の認識機能を研究することが困難なのです。

その代替的アプローチとして、人間において自然に発生した機能不全である認知障害の調査があります。これなら、人間の頭脳の機能の基礎となる分子機構を明らかにすることができますし、こうした障害の治療にも役立ちます。

それでも、こうした障害のデータだけを利用してその複雑な発症メカニズムを明らかにすることはやはり難しいことなのですが、それに正の選択を受けた脳関連遺伝子という別の生物学的データを組み合わせることによって、人間特有の認識力の進化にかかわる分子機構を特定しようという試みがあります。

## 統合失調症はエネルギー代謝と関係がある？

たとえば、統合失調症などの認識力障害が、人間特有の認識力の基礎となる最近の進化過程に関連があるとするならば、最近のゲノムの進化と病理学的な変化の間にはオーバーラップが見つけられると予測できます。もしそうなら、両者を重ね合わせた生物学的過程には、人間特有の認識力の発達と維持のために重要な分子変化があったと推定することができるでしょう。

そこで、まず、人間特有の進化的変化を選択するために、最近の進化の間に、脳における発現レベルに関して正の選択があったという証拠を示す遺伝子を選びます。次に、統合失調症患者においてこれらの発現量が、偶然予想される値より大きな変化が生じているかを調べます。

このようにして、生後の時間に応じて脳で発現が変化する一万六八一五の遺伝子について、一〇五人の統合失調症の人の脳の標本を使用してその発現量を測定しました。

すると、二二の遺伝子が明確に差のある遺伝子として抽出され、そのうち、六つの遺伝子は統合失調症で特異的にかなり高い濃度で発現している遺伝子であることがわかりました。そして、驚いたことに、この六個の遺伝子はすべてエネルギー代謝に関係した遺伝子だったのです。これはまさに、脳の進化には、エネルギー代謝が非常に強い影響を与えていることを予感させるものです。

そこで、さらにこれを確かめるために、直接人間の統合失調症患者と健康な対照者、およびチンパンジーとアカゲザルの前部前頭葉の外皮でも代謝産物を調べました。

すると、二一の代謝物質のうち九個が、統合失調症患者と対照個体の間で著しい濃度の違いがある物質として検出されました。これらは、エネルギー代謝（クレアチン、泌乳）、神経伝達（コリン、グリシン）、脂質／細胞膜新陳代謝（酢酸、コリン、フォスフォコリン、フリセロフォスフォコリン）などで、脳機能に必要なものです。

統合失調症に見られる、認識機能に異常を与えるような新陳代謝の変更過程は、認知能力を支えるために適応型の進化的変化を受けた遺伝子だったといえるかもしれません。このような結果は、エネルギー代謝が脳の進化と人間特有の認識力の維持を支えるうえできわめて重要な役割をしていることを示しています。

進化の間に脳内での濃度を変えた代謝物質は、人間の脳が最も多くのエネルギーを消費していることや、神経細胞膜のポテンシャルの維持と神経伝達物質の絶え間ない統合にかかわっている物質であるといえるでしょう。

## 脳の大きさの増加とエネルギー代謝

人類は脳の大きさが他の体の部分と比べて異常に大きく、その大きさは、ミクロセファリン遺伝子の進化で見られるようにまだ進化的な増加段階にあります。これからもニューロン数の増加やシナプス形成の増加はさらに進み、エネルギー需要はどんどん高まっていくでしょう。

人間の脳の大きさの増加は、二〇〇万年という比較的短い間に起きたため、人間の脳の新陳代謝の要求度は急速に高まってしまい、私たちはその限界点で活動している可能性があります。結果として正常なエネルギー代謝レベルが下がってしまうと、脳の認識機能に障害を起こし、悪影響があると予想されます。

エネルギッシュなニューロンが、そのような変化に最も影響されやすいのは当然です。実際、統合失調症では、長い髄鞘を有する軸索などの高エネルギー特性を持つ前頭側頭と前頭頭頂回路のニューロンには、構造的な欠陥があると推定されています。

## 統合失調症は人間の脳の進化過程の高価な副産物か？

しかし、この研究からは、脳の認識機能と物質代謝に直接つながりがあると結論することはできませんし、統合失調症で観測された認知変化は、人間特有の全認識機能に影響するものではなく、また、人間と他の霊長類の違いを規定しているものでもありません。したがって、物質代謝と人間の認識機能との関係をはっきりさせるためには、他の認識機能の異常との対応関係についての研究が必要です。

さらに、新陳代謝過程の正の選択が脳のサイズの増加の後で起きたのか、脳の代謝活動を最適化しながら人間の脳の認識力を増加させるために起きたのか、区別できません。しかし、代謝での正の選択は、ここ二〇万年に起きたことであり、人間の脳サイズの増加がおよそ二〇〇万年前から起きていたことを考えれば、脳サイズの増加が先行したというのが、もっともらしい仮説のようであり、脳の代謝活動の最適化はまだ進行中であると考えられます。

いずれにしても、人間の脳代謝における変化が、人間の認識力の発展で重要なステップであったことは確かであり、統合失調症は、こうした人間の脳の進化過程の高価な副産物であったのかもしれません。

# 第二部　われわれは何者か

「われわれは何者か」という問いかけは大きすぎて、簡単には答えることができません。ルソーは「人間のすべての知識のうちで最も役立つはずなのに、最も進歩の遅いのは、人間そのものについての知識である」と述べています。しかし、「人間は考える葦である」というパスカルの言葉や、「われ思う、ゆえにわれあり」というデカルトの言葉のとおり、ヒトが「考える動物」であることが「人間が生きていること」の根源的な意義とつながっていることについては、多くの人は異論がないでしょう。

そして、この精神世界、あるいは心の世界ゆえに、人間を他の生物と区別して特別扱いし、「人間とは何か」という形而上の命題を掲げる学問として、「哲学」が発達してきました。

しかし、いまわれわれは、「人間そのものについての知識」を、どのくらい持っているのでしょうか。ルソーは、「人間を研究すればするほど、人間を知り得なくなる」とも述べていますが、まさに当を得ているように思えます。

しかし、こうした大きな命題は、基本的な性質に分割し、一つずつを具体的に正確に調べ、その特性から全体を推論してゆくという科学的な方法論に準じて行うのが正統的でしょう。人が外界を認識している状態や、ものを考えている状態については、現代科学では、MRIやPETなどの測定をとおして脳の活動を追跡する研究が進められ、対応する脳領域についての情報が集積されてきています。しかし、脳のどこがどんな認識活動に対応して働いているとわかったからといって、認識活動の本質がわかったわけでもありません。本書では、こうした認識、思考、精神などの生理学的な研究には触れず、この本性について、別の面から考えてみたいと思います。

われわれは多様な想像や思考を繰り返していますが、その内容を人に伝えようとすれば、言語で表現して伝えるしかありません。声に出して話すか、それを文字として記録するか、どちらを選ぶとしても、現代のわれわれにとって、「言語を使うこと」が、認識や思考の基本になっていることは間違いなく、言葉がなければ概念的なことも想起することができません。この点もまた、多くの人は異存がないでしょう。

そこで、本章では、「われわれは何者か」に対する一つの回答として、ヒトの「言語機能」がどのように獲得されてきたか、その結果としてのヒトと他の生物との特性の違いについて注目してみたいと思います。

しかし、その前に忘れてはいけないことがあります。ヒトは認識や思考など、脳機能だけで生きているわけではありません。「われわれは何者か」に対する重要な生物学的回答は、他の生物種とまったく同じように「生きものである」ということであり、これを踏み外せば「人間としての存在」そのものがなくなってしまいます。ですから「人間とは何か」について、言語機能を語る前に、ここではまず、他の生物と共通の基盤である「生きものの原理」について考えてみたいのです。そうするのは、人間には「ヒトは生きものである」ことを忘れたことによる苦い歴史があるからです。

# 第7章　人は生きものである

## 人は生きものである

人は生きものであるということは自明のことのように思えますが、時としてこの本来の姿を忘れてしまうことがあります。その例として戦争があります。とくに太平洋戦争を経験した日本には「生きものとしての人間」を忘れてしまったたくさんの苦い記憶がありますが、山本七平著『日本はなぜ敗れたか』に引用されている小松真一『虜人日記』ではそのことがよくわかります。

小松氏は、軍人ではなく、陸軍専任嘱託技術者として徴用され、敗色が濃くなった昭和一九年一月、ガソリンの代用として蔗糖からブタノールを製造する指導をするべくフィリピンに派遣されます。

しかし、すぐに厳しい戦況となり、その本来の使命に取り掛かることもなく、日本兵とともに敗走を余儀なくされます。そして、ジャングルの中を彷徨するという辛酸をなめたうえ、終戦を迎えることになります。彼が太平洋戦争の日本軍の敗因として挙げている二一カ条の中で注目すべきものは、一九条の「日本は人命を粗末にし、米国は大切にした」、二一条の「指導者に生物学的常識がなかった事」の二つですが、とくに、「生物学を知らぬ人間程みじめなものはない。軍閥は生物学を知らない為、国民に無理を強い東洋の諸民族から締め出しを食ってしまったのだ。人間は生物である以上、どうしてもその制約を受け、人間だけが独立して特別なことをすることは出来ないのだ。……日本は余りに人命を粗末にするので、終いには上の命令を聞いたら命はないと兵隊が気付いてしまった。生物本能を無視したやり方は永続するものではない」とも述べています。

彼が現地（ネグロス島）に入るころには、日本からは食糧も武器も送られてこず、総兵力は二万四〇〇〇人にも達していたものの、戦闘部隊はその一〇分の一の二〇〇〇人であり、彼が配属された部隊は、兵員二〇〇〇人に対して明治三八年式歩兵銃が七〇丁あっただけで、全体の少なくとも九割は戦闘力として機能していないありさまであったといいます。それゆえ、現地に着くとブタノール製造どころではなく、日本軍は圧倒的な米軍にまったく歯が立たず、すぐに敗走することとなります。そうなると、兵隊たちは一歩一歩後退するたびに身軽になるために食糧を捨て、ジャングルを彷徨しながら日々の食べものを探すことになってしまいます。農芸化学者でもある小松氏は、軍参謀から「糧秣がなくなったので密林中の植物を食べる以外にないが、主食になるものはないか」と問われ、いろいろな植物のでんぷんの有無を、医療用のヨウドチンキを使って調べたといいます。彼の日記には、ジャングル内で利用したものとして次のようなものが記録されています。

動物質＝渓流のドンコ、エビ、カニ、オタマジャクシ、ウナギ、ニナ、タニシ、トカゲ、トッケイ、大トカゲ、ヘビ、カエル、ナメクジ、サル、鳥類、イノシシ、シカ、イヌ、ネコ、ネズミ、虫類ではコガネムシ、バッタ、蜂の子、コオロギ、カミキリムシの幼虫、セミなど。

植物質＝電気イモ、ウヤマイモ、バナナ、バナナの芯、ビンロウジュの芯、タケノコ、春菊、水草、サンショウ草、丸八ヘゴ、秋海藻、フジの芯、リンドウの根、キノコ、ドンボイ（紫色の実）など。

焚きつけ＝雨ばかりのジャングル内での生活で火を焚きつけるのは容易のわざではなかった。アチートン（竹柏に似た木）の樹脂はよく燃えるので、これを集めて利用すること。

ちなみに、電気イモとは、これを食べると、体がしびれて電気が走ったように感じることから、誰かが命名したということです。

小松氏は、このようなことをまとめて、各部隊の兵士に講習したとも記述しています。このような食糧（?）の確保がおぼつかなくなると、原地民からの略奪、それもできなくなると、「戦争は、ことに負け戦となり食物がなくなると、食物を中心にこの闘争が露骨に現れて、他人は餓死しても自分だけは生き延びようとし、人を殺してまでも、そして、終いには、死人の肉を、敵の肉、友軍の肉、次いで戦友を殺してまで食うようになる」。こんな現実を見るにつけ聞くにつけ、「人間必ずしも性善に非ずという感を深めた」と記すようになります。

似たような戦争体験をした山本七平氏も「人間は生物である。そしてあらゆる生物は自己の生存のために、それぞれがおかれた環境においてその生存をかけて力いっぱい活動して生きている。人間とてその例外でありえない。平和は自分たち人間だけは例外であるかのような錯覚を抱かす。しかし、それは錯覚にすぎない。もちろんその錯覚を支えるため、あらゆる虚構の〝理論〟が組み立てられ、人々はその空中楼閣を事実だと信じている。しかしその虚構は、飢餓という、人間が生物にすぎないことを意識させる一撃で、一瞬のうちに消えてしまう」と述べています。

この出来事は、およそ六十数年前に起きていたことです。進歩したと自認している文明人たちも、もしくは文明を知りすぎたがゆえに、およそ一万年前に農業が始まる前の人類が狩猟採集民として過ごしたのと同じ、いや、それ以下の生活を余儀なくされたのです。これは無謀な戦争が起こした過ちであったとして見過ごすことはできません。太平洋戦争では、列強の経済封鎖により石油を得られなくなった日本が石油を求めて東南アジアへ侵攻していったのですが、小松氏がフィリピンに派遣された理由が「戦闘機を飛ばすために蔗糖からブタノールを製造すること」であったことを考えると、石油の「つくられた」不足を補うために、大豆、トウモロコシなどの穀物からアルコールを製造して車を走らせ、一方で食糧不足を招いている状況はよく似ているといえます。

## 生きものはすべて細胞でできている

「人は生きものである」ということの生物学的理解とはどのようなものでしょうか。まず、簡単に「生きもの」の現代的理解をかいつまんで説明します。

### 「生きもの」は「秩序から秩序を生み出すもの」

「われわれは何者か」という質問を、「われわれの体は何でできているか」と読みかえて要素的に分解してみると、ヒトの体は多様な組織の集合であり、組織は多様な細胞の集合であり、細胞はタンパク質、核酸、脂質などの多様な分子の集合体であり、タンパク質などの生体分子は窒素、酸素、水素、炭素などの元素でできています。元素まで分解すると、生物も石ころのような無生物と同じ次元の構成要素となり、素粒子のレベルまでも下ってゆくことができますが、素粒子の物理学的考察をしたところで「生きもの」の特徴を明らかにすることはできないでしょう。

「生きもの」を化学物質にまで壊してしまい、これをもう一度集合させても「生きもの」を作ることはできません。冒頭で述べたパスツールの実験のように、「生きもの」は「生きもの」からしかできないのです。

シュレディンガーは生物と無生物について、「そもそも秩序正しい事象を生み出す仕掛けには二通りのものがあります。その一つは統計的な仕掛けであって、これは〝無秩序から秩序を生み出すもの〟であり、物理学的な諸原理がこれにあたります。もう一つの新しいものは、〝秩序から秩序を生み出すもの〟で、生きているものの最も著しい特徴と見なされています」と述べていますが、生物と無生物の間には、どうにもできない大きな断絶があり、叡智を持った人間もこの断絶を超える方法をまだ見出せないのです。

## 「秩序から秩序を生み出すもの」としての「有機物質」

化学物質は無機物と有機物に区分けされますが、有機物は、有機体（つまり生きもの）に由来する化学物質をいいます。われわれの体を構成する有機物質も、植物や細菌を構成する有機物質も基本的には共通の化学物質からできていて、お互いに交換、あるいは再利用できるのです。シュレディンガーのいう「秩序から秩序を生み出すもの」とは、細菌のような単細胞生物からヒトのような多細胞生物まで、それぞれの細胞そのものが、代謝を通じて「秩序から秩序を生み出すもの」として活動しているとともに、地球上のすべての生きものの間でお互いに物質の交換をするという、ある種自律的な循環システムとして動いていると考えられます。つまり、地球上のすべての生物は、その総体としても「秩序から秩序を生み出すシステム」として、持続的な生存が保証されていると見なすこともできるのです。

　このことを端的に示す例を挙げましょう。大気の中の$C^{14}$のレベルは比較的安定して維持されていましたが、冷戦時代に世界が争って原水爆実験を行ったことで急速に増加し、しばらくのうちに均等化されて高いレベルに達します。そして、一九六三年の原水爆禁止条約ができて原水爆実験が停止されたことにより、それ以降は$C^{14}$のレベルは拡散によって大気中から指数関数的に低下してゆきました。つまり、地球の大気中で$C^{14}$の濃度が一定期間急激に増加し、すぐに減退するということが人為的に起こされたのです。大気中の$C^{14}$は、酸素と反応して二酸化炭素を形成します。二酸化炭素は光合成によって植物に組み入れられます。植物を食べる、あるいはその植物を食べた動物を食べることによって、人体の中に$C^{14}$を含む生体物質が急激に増加することになります。この人体の$C^{14}$濃度の急激な変化は、大気中の$C^{14}$の濃度と並行して変化したことがわかります。つまり、地球上のすべての人々は自身の変化にまったく気がつかないまま、この時期に体全体の炭素を含む生体物質を$C^{14}$というアイソトープで標識されてしまったのです。これは、われわれ人類が、地球上の外界と物質を交換していることを明確に示す証拠でもあります。あとで述べるように、研究者たちは原水爆実験による世界的な被爆を利用して、われわれの体の中でどのように細胞が交代しているかを追跡しています。

## 「生きもの」の二つの原理

一般に、対象を階層的に見て意味のあるレベルで分析することが必要ですが、では「生きもの」を理解するためにはどのようなレベルでの分析が必要でしょうか。自然科学の研究が進んでくると、中学や高校などの理科教育で、物理、化学、生物といった区分けの理科教育領域も専門化し、教えている教師もだんだん他の領域の知識を追跡できなくなってきます。このような現象は世界的に起きていて、ある科学誌が、現代の理科教育領域で教えるべき最も基本的なことは何かという項目を整理したことがあります。そのとき、生物学で基本的に理解しておくべき原理としては、次の二つが提示されました。

その第一は、「すべての生きものは細胞でできている」ということです。その第二は、「すべての生きものは共通の遺伝暗号（コード）を使っている」ということです。この二つの属性は、地球上の生物すべてに共通する原理といえますが、同時に生きものの特徴と成り立ちを表していることになります。つまり、階層的に細胞とそれを構成する生体分子、とくに遺伝物質の分析が重要ということになります。

## 細胞は利己的遺伝子の乗り物か

リチャード・ドーキンスは、『利己的な遺伝子』で、「連綿と生きつづけていくのは遺伝子であって、個人や個体はその遺伝子の乗り物であり、遺伝子に操られたロボットにすぎない」と主張しています。生きものの二つの原理は、彼の主張からみれば、「すべての生きものが共通に使っている遺伝暗号の総体としての遺伝子」は「細胞という乗り物」を操っていることになります。

しかし、細胞は必ずしも単純に乗り物ではなく、お互いの葛藤の上に統合されてはじめて「生きもの」として成り立っているのではないかとも考えられます。

## 「細胞」は生きものの最小単位──「代謝」と「遺伝」の統合

細菌からわれわれヒトまで含めて、すべての生物の生きている基本的単位は細胞という形をとっています。

細胞というのは具体的にどのようなものでしょうか。細胞の形を顕微鏡で直接観察したのはレーウェンフックです。彼は植物組織が細胞壁で区画された単位で構成されたものであることを観察し、この単位を細胞と名付けました。現在では、彼の観察は細胞壁のみを見ていて、直接細胞の中身を見てはいなかったことがわかっていますが、この細胞という概念は、生命体の生きている基本的な単位として、その形態、あるいは生理的な実態がよく理解されるようになりました。細胞の中心には核があり、この中に染色体（あるいはクロマチン）があります。染色体の中に遺伝子（あるいはゲノム）であるＤＮＡが含まれています。細胞質にはミトコンドリアなどのオルガネラと呼ばれる構造物があり、細胞質にはたくさんの酵素などタンパク質が局在しています。

ちなみに、ウイルスは基本的にゲノムを外皮で包んだだけの構造体で細胞という形はとらず、宿主となる細胞に感染して初めてその細胞の持っている力を利用してゲノムを増やし、子孫を増やすことができます。しかし、「利己的な遺伝子」を持つウイルスは、寄生という形をとらなければ独立した自律的な生命体として活動はできないので、再生機がなければＤＶＤは何の意味もないのと同様に、宿主細胞がいなければ存在しないに等しく、いわば生物と無生物の境界に位置するものといえます。

細胞はそれ自体が一つの自律的な生きものであり、この細胞は「代謝」と「遺伝（あるいは増殖）」という二つの基本的な特性を持っています。「代謝」と「遺伝」とを統合化することによって、まさに「生きる」ことを具現化しているといえます。

## 代謝とは酵素を触媒とする化学反応のネットワーク

すべての生物体は、外界から物質を取り入れ、さまざまな酵素が触媒となって化学反応を起こし、それによって物質を変換させています。これが「代謝」です。先に述べたパスツールに端を発する生化学（生きものを化学物質とその反応として理解する学問）研究によって、生きものを構成している物質の化学構造の全容がわかってくると、その生成の過程の化学反応経路が酵素の反応特性として明らかにされました。また細胞を構成するタンパク質、遺伝子、糖類、脂質と、これを構成する生体構成物質としてのアミノ酸、核酸など基本的なものは、細菌からヒトにいたるまで共通の物質が使われていて、酵素も共通の触媒機能を持っていることがわかっています。

## 往く川の流れは絶えずしてしかも元の水にあらず

われわれの体は、呼吸により酸素を取り入れ二酸化炭素を排出し、いろいろな食物を栄養として摂取して生きています。毎日見ている自分の体は表面的に変わりがなく見えますが、体の中では食べたものを消化してわれわれの体の構成成分を作り、またエネルギーを生み出し、生きているという活動を進め、そして排泄しているわけです。「往く川の流れは絶えずしてしかも元の水にあらず」という鴨長明の有名なことばがありますが、生物学的にはこれを「代謝回転」とよび、物質の交換があっても生体は「恒常性」を保っているのです。

## 遺伝子の働き

さて、もう一つの「秩序から秩序を生み出すもの」としての生きものの特性が「遺伝」です。遺伝とは、親から子供へとその性質（表現形質と呼ぶ）が伝搬してゆくメカニズムであり、その形質を決める情報を担っているのが遺伝子です。バクテリアのような単細胞生物においては、一つの細胞が分裂して二つの娘細胞になる過程が遺伝のプロセスであり、これを支配または制御しているのが遺伝子だということになります。遺伝子発現の調節研究でノーベル賞を受賞したフランソワ・ジャコブは「細胞が分裂するのは細胞の夢である」といったといいますし、細胞はドーキンスのいう「利己的な遺伝子」によって「増殖を宿命的に課せられた装置」ともいえるでしょう。

現存するすべての生物では、物質としてのDNAが遺伝子として働いています。一部のウイルスではRNAが遺伝子として働きますし、現在の考えかたでは、始原的な細胞では、RNAが遺伝子の機能を持っていて、進化の過程のある時期にDNAがとって代わったと考えられています。

遺伝子は細胞増殖を実現するために、遺伝子自身を複製するために、必要となる触媒酵素をはじめとするタンパク質を遺伝情報にしたがって合成します。

## 遺伝子の複製

細胞分裂により、二つの娘細胞が同じ遺伝子を持つためには遺伝子の複製、つまり、一つの遺伝子からまったく同じもう一つの遺伝子を作り出すことが必要です。それを細胞分裂後の二つの娘細胞に分配することにより、同じ遺伝子を持つ二つの細胞ができあがります。ワトソンとクリックによるDNA分子の二重らせんモデルは、この遺伝子の複製のメカニズムをよく説明できるモデルです。

## タンパク質の合成

一つの細胞が分裂により二つになったとき、それぞれの細胞は遺伝子だけでなく、その生体構成成分も同じでなければなりません。そのために遺伝子は酵素などすべてのタンパク質の一次情報であるアミノ酸配列を決定する情報を持っています。細胞はタンパク質のほかに核酸や脂質なども含んでいますが、タンパク質以外のこれら生体物質は遺伝情報にはコードされてはいなくて、酵素の働きによって、その前駆体となる化学物質から生合成されます。つまり、遺伝子は必要なタンパク質を作り出すためだけの情報を備えていれば、作り上げたタンパク質の働きで、必要な他の生体構成物質をすべて調達することができるのです。

遺伝子からタンパク質が作られるには、まずＤＮＡからメッセンジャーＲＮＡへと転写が起き、このメッセンジャーＲＮＡの情報がリボソーム上でアミノ酸の配列情報へと変換（翻訳）されます。このアミノ酸どうしが結合してタンパク質が合成されるのです。この遺伝子からタンパク質ができるまでの過程を「遺伝子（情報）の発現」と呼びます。

### 遺伝情報とは

一つの遺伝子は基本的に一つのタンパク質の情報を担っていて、これをタンパク質の構造をコードしているという意味で「構造遺伝子」とも呼びます。個々のタンパク質は二〇種類のアミノ酸がペプチド結合したものですが、それぞれのタンパク質はアミノ酸の配列のしかたが違うために、それぞれは特異的な立体構造と生理機能を示します。

遺伝情報とは、このアミノ酸の配列順序を指令する（コードする）核酸塩基の配列のことです。ＤＮＡはアデニン（Ａ）、チミン（Ｔ）、グアニン（Ｇ）、シトシン（Ｃ））の四つの塩基からできていて、三つの塩基が一つのアミノ酸に対応する遺伝暗号（コード）として働きます。先に述べたように、遺伝暗号は、細菌、植物、ヒトを含む動物などすべての生物で同じものが使用されています。これは、始原生物で使用された遺伝暗号が生物進化の過程でずっと使い続けられてきて現在のすべての生物まで広がってきていることを意味します。

さて、こうした遺伝子、あるいはそれに対応するタンパク質の数はどのくらいあるのでしょうか。ヒトゲノムの解読後に推定された遺伝子の数はおよそ三万個であり、一個の細胞の中に三万種類にも及ぶタンパク質が詰まっているのです。このように膨大な数のタンパク質の細胞内の濃度はまちまちであり、細胞当たり数万個もあるものから、数分子しかないものまで大きな違いがありますが、この数の違いは、遺伝子の発現の違いによって起きています。この遺伝子発現を調節しているのが「調節領域」で、タンパク質をコードする構造遺伝子とセットで存在しています。これが転写の段階で発現量を調節し、転写因子と呼ばれるタンパク質がその調節に働きます。

## 遺伝子の変異と選択

細胞が生きている間に、遺伝子は外界からの紫外線や化学物質、細胞内の活性酸素などの影響を受けて、DNA分子の塩基に化学的変化を起こすことがあり、遺伝子情報を変えてしまい、その結果としてタンパク質の変化をもたらしますが、これを遺伝子の（突然）変異と呼びます。

遺伝子中の一つの塩基に化学変化が起きただけ（点突然変異という）でも、コードしているタンパク質の機能を変えてしまうのに十分です。通常の外界からの刺激は、この点突然変異を生ずるようなDNAの塩基の化学的変化を一日に細胞当たり数万個ほど発生させていると推定されています。

このまま放置すれば、恐ろしいほどの変異が生じるはずですが、細胞は自己修復機能として働くたくさんのDAN修復酵素を持っているので、このほとんどの変化を完全に修復することができるのです。しかし、この修復能力を超える変化が生じると突然変異を持つ細胞になってしまいます。

このような遺伝子の変異は、点突然変異だけでなく、染色体の複製中に一部が失われたり（遺伝子欠損）、誤って余分に複製してしまったり（遺伝子増幅）、染色体の間での組換えなどによって大きな領域に変化を生じたり（遺伝子組換え）といったことでも起こります。

この遺伝子変異が重要なタンパク質の生理機能を失わせてしまうと、結果として細胞は死んでしまう（致死的変異）ので、その細胞の子孫（分裂後の娘細胞）にこの変異が伝わることがありません。それに対して、細胞の生存を可能にするような弱い変異が生じた場合は、その変異遺伝子は娘細胞へと受け継がれます。

とくにこの変異が生殖細胞に起きた場合には、この変異が次世代の個体に伝わるようになりますが、致死性ではなく、個体の生存や繁殖力に有利となる変異の場合は、その子孫は繁栄することになります。このような遺伝子変異と生存の選択により、世代ごとに集団の中での変異の割合が増えたり減ったりしながら変化をしてゆくことになります。これが何世代にもわたって続くことが生物進化の基本となっていて、ダーウィンの進化論のメカニズムの現代的説明となっています。

それゆえ、遺伝子に障害を与える外界の刺激は一見「秩序から秩序を生み出すもの」という「生物システム」を妨害しているように見えますが、長期的には、「秩序から秩序を生み出すもの」という原則のルールを守っていて、進化とは秩序のありかたを変えながら「新しい秩序」を生み出すことであるということができます。

つまり、生物は、遺伝子変異が起こした障害という自らの不幸を逆手にとって、これを利用しつつ、生命の進化の道を進んできたともいえます。

## 体はどのようにしてできるか

### ヒトの体は六〇兆個の細胞社会

ヒトの身体はおよそ六〇兆個の細胞でできている細胞社会です。この細胞社会は均質な細胞の集合ではなくて、脳、肝臓、腎臓というような多様な機能的組織を構成していて、それを具現化している細胞はそれぞれ機能や形態も異なっていて「分化した細胞」と呼ばれます。このような組織の分化した細胞の種類の総数は二〇〇を超えるといわれています。つまり、体をつくることは一つの細胞である受精卵から分裂と分化を繰り返して多様性を生み出すプロセスであり、その結果、個体という細胞社会が形成され、そこでは「生きている」状態と「子孫を生み出す」ことが実現されているのです。もちろん、それぞれの細胞は勝手に活動するのではなく、生体システムとして統合的な制御を受けています。

### 体のすべての細胞の家系図が描ける

ヒトでは、この個体発生過程が体の中で起きているので観察することは難しいのですが、約一〇〇〇個の細胞で一個体を形成している線虫を使えば、その出来事を直接観察することができます。すなわち、一個の受精卵が分裂を始めてから一個体を形成するまで、すべての細胞分裂の経過を観察し、これを記録することができるのです。この細胞分裂過程では、神経、表皮、腸管、生殖器など固有の分化した組織が形成されてゆく間に、細胞分裂、細胞分化、そして細胞の死も起きていることがわかります。この過程の全容は細胞系譜（細胞の家系図）と呼ばれます。

これは人々の家系図とも似ていますし、進化の系統樹とも似ています。この細胞系譜は、分化した細胞がいかにして生まれるかを明確に示すものですが、系譜の制御を変化させてしまう遺伝子変異を見つける研究が進んだ結果、細胞の系列分化がどのような遺伝子によって支配されているかも解明することが可能になりました。一個体が約一〇〇〇個の生物と、約六〇兆個の細胞で構成ずるヒトとは、その複雑さに大きな違いがあるものの、ヒトにおいても、原理的には同様に細胞系譜を想定することが可能なのです。

### 細胞は分裂によって運命を転換する

個体発生の過程で質的に異なる細胞が生み出されることを、細胞の分化と呼びます。細菌のような単細胞生物では、一個の細胞が分裂して二個になってもまったく同じ細胞となるのですが、多細胞生物では、一個の細胞が分裂して二個になるときに、元の細胞とまったく同じものになるか、それとは異なる細胞になるかの運命転換が必要です。

この運命決定は、基本的に二つのメカニズムによって起きています。

一つは、細胞が分裂するときに、二つの娘細胞が異なるものになるような不均等分裂が起きる場合です。そのために、あらかじめ細胞分裂前に、細胞分化のキイとなる制御因子が、細胞の片側の細胞膜のみに付着するなどの仕組みによって不均一化し、この制御因子を含む細胞と含まない細胞に分裂し、その後の分化の行方が分かれてゆくという方法です。

もう一つのメカニズムは、細胞分裂によってまったく同じ二つの娘細胞ができてから、分化誘導因子が濃度勾配を作って片方の細胞のみに働いて、分化の方向性を変えるという方法です。

そして、いったん運命が転換されると、分化特異的な機能を発揮するための遺伝子発現プログラムが作動し、その結果として多様な組織細胞が生み出されます。

こうして形成された個体のなかでは、神経系や内分泌系など個体、あるいはそれぞれの組織を統御する制御系が働いているばかりでなく、二〇〇種を超える組織の中の細胞も、おたがいに情報交換し、相互の制御を行っています。つまり、六〇兆個の細胞は全体として細胞社会を形成し、一つの生命維持システムとして、人が「生きている状態」を維持しているのです。

## 細胞の生と死

いったん身体ができあがってしまっても、いくつかの組織では細胞の交代が起きています。とくに血液細胞、小腸、皮膚などでは、大量の細胞が生まれ、死んでゆきます。ヒトでは、毎日およそ一〇〇億個の細胞が死んで新しい細胞と交代しているといわれています。

　われわれの体の細胞が何回分裂したかという細胞の年齢は簡単に判定することはできません。しかし、先に述べたように、原水爆実験で被爆した時期に最後の細胞分裂をした細胞は、その後に細胞分裂を起こしてもＤＮＡは安定に保存されているので、ＤＮＡ中の$C^{14}$レベルを測定すれば、細胞が生まれたときの日付を記録することができます。研究者たちはこの点に注目して、体の細胞の年齢を追跡することができるようになったのです。

　近年では肥満の増加により、先進国で平均余命が短くなりはじめる可能性が出てきています。成人の脂肪量を決定する要因は完全に解明されていないものの、既存の脂肪細胞での脂質の貯蔵増加が最も重要だと考えられています。そこで、$C^{14}$の追跡という手法を用いて脂肪細胞の交代状況を調べたところ、脂肪細胞の数は、痩せた人でも太った人でも成人期には一定であり、たとえ著しく体重が減少したあとでも変化していないことがわかりました。つまり、脂肪細胞数は小児期から青年期にかけて決まってしまっていて、そのことが肥満と大きく関係しているのです。

　また、同じ方法で、心臓の心筋細胞はどのくらい長生きするかを調べた研究もあります。それによると、五〇歳の人でも、心筋細胞の半分の細胞は個体形成を通して最初に作られたときのまま生存しており、二五歳の人では全体の一％の細胞が再生能力を持っています。そして、七五歳の人でも〇・四五％の心筋細胞は再生能力を保持していることがわかったのです。だから、この心筋細胞の再生能力をうまく利用すれば、心臓病の治療に役立つと考えられます。

## 細胞は増殖・分化して個体という細胞社会を作りだす

### 細胞は分裂によってその能力を変える

受精卵から発生が始まり、体づくりが完成するまで、細胞は、増殖と分化を繰り返して、段階的に異なる細胞へと転換されてゆきます。そして、継続的に増殖できる能力を持ちながら組織の形成・維持ができる幹細胞ができます。それぞれの幹細胞は、運命転換能力に違いがあります。まず、初期の胚の細胞は、体のすべての細胞種を生みだすことができ、個体を形成する能力を持っているので、全能性幹細胞と呼ばれます。初期胚の細胞を培養してできたＥＳ（胚性幹）細胞も同じ能力を持つ細胞です。全能性幹細胞はそれ自身が永遠に増殖し続けるという不死性を持ち、同時に体のすべてを作りだす能力も併せ持った細胞です。

さらに発生が進むと、さまざまな種類の細胞に分化して組織を形成しますが、ある範囲の組織の細胞に分化できる能力を持つ幹細胞が生じてきます、これを多能性幹細胞といいます。たとえば、血流中にある赤血球、マクロファージ、脂肪細胞、Bリンパ球、Tリンパ球などは、いずれも多能性の血液幹細胞から作られます。体の組織のほとんどの細胞は分化が完了すると分裂を停止してしまい、元の胚の細胞に戻る能力を失っています。

このように体の細胞は、はじめは将来性のある細胞であり、だんだんその能力を限定して特定の機能を持つようになり、組織の中で役割を果たし、やがて個体の死とともに細胞も死を迎えるのです。これはあたかも誕生したばかりの赤ちゃんがとてつもなく大きな将来性が期待され、成長して何か特定の職能を持って社会の構成員として働き、やがて死を迎えるのに似ています。これまで、この細胞分化の進行は不可逆的なものと考えられていました。

## 細胞分化を逆戻りさせたiPS細胞

しかし、最近、このような分化した体の細胞に、ある種の遺伝子を導入するとES（胚性幹）細胞のような能力を持つ細胞を作りだす技術が日本で開発されました。このiPS（人工的な全能性の）細胞は、孫悟空が頭の毛に息を吹きかけて自分と同じ体を作ったように、体の再生を可能にする細胞として期待されています（iPS細胞、ならびにあとで述べる老化や寿命については、岩波科学ライブラリー収録の拙著『細胞寿命を乗り越える』も参照してください）。

### 精子と卵子も分化の結果

ところで、ヒトは生殖を通して次世代を生み出します。精子と卵子（生殖細胞）もまた、他の細胞（生殖細胞と区別して体細胞と呼びますが）と同じような細胞分裂と分化を経てできたものです。卵子は精子の受精が引き金となって細胞分裂が誘導されると、その後すべての体を作り出す遺伝子プログラムを遂行する能力を持った特殊な細胞です。

赤ちゃんが生まれるとわれわれは新しい生命が誕生したと考えますが、正確には、両親の卵子と精子という細胞が合体、発生を通して個体を作り出したもので、細胞のレベルでは新しい生命が誕生したのではなくて、営々と持続する細胞分裂が個体から個体へと移ったにすぎず、個体は多細胞生物が不死性を持つ生殖細胞を守るために発達した装置にすぎないということもできるのです。

### 幹細胞は周りの細胞に守られている

幹細胞の増殖と分化は、多くは幹細胞自身が持っている自立的な遺伝子制御システムに依存していますが、それだけではなく、幹細胞を取り巻く外界からの影響も重要であることがわかってきました。このように幹細胞に影響を与える外的・組織的環境のことを、生態学で用いられる用語を当てて「ニッチ」と呼んでいます。

ニッチとは生態学的地位、つまり、ある生物が活動する時間、空間、餌といった、環境のすべての資源のことを意味しています。同じニッチを持つ他種の生物がいないのと同じように、体の組織においても、特定の幹細胞が局在し、それに影響を与えている特定の組織領域として、ニッチがあるといえます。

ニッチは、幹細胞に対して増殖や分化を誘導したり、細胞死を導いたりと、多様な刺激により幹細胞の運命転換を制御することで、未分化状態の幹細胞を恒常的に維持している組織的なシステムと考えられます。もし、幹細胞の増殖の頻度が高くなりすぎると、過剰な細胞生産が起きて組織に異常が生じるばかりでなく、さらに異常な癌細胞を生ずる危険性を高めることになります。

## 体細胞は生殖細胞のニッチとして進化した？

単細胞生物では、細胞分裂をすればそれがそのまま子孫を生み出したことになります。しかし、単細胞生物でも集団として生活していて、個体が増えすぎれば、結果として環境からの栄養補給の不足が生じます。そのバランスをとりながら子孫を残すために、同じ細胞集団のうちから死ぬべき細胞が生じたり、子孫となるべき細胞を守ったりする必要が起こり、子孫へとつながる細胞とそれを守る細胞の分化が生じ、前者が生殖細胞となり、後者が多細胞生物の体細胞として進化したという考えかたがあります。多細胞生物では、さらに体細胞がより高度な分化をすることによって、生殖細胞を守るためのシステムが発達したと思われます。つまり、個体は生殖細胞を守るために進化した装置といえますし、幹細胞のニッチとしての体細胞の進化についても同様に考えられるかもしれません。

# 細胞の老化、癌化、再生、細胞死のメカニズム

## 個体の死は細胞の死によって起きる

生物個体は寿命を持ち、必ず死に直面します。個体の死は当然ながら、これを構成している組織や細胞の死に依存しています。現在ヒトの医学的な死の定義が問題になってきていますが、脳死、あるいは脳幹死も、最も重要な生命維持装置である組織の細胞が死ぬことによって起きるはずです。成体を構成している細胞集団は、胚発生から個体形成、さらには個体の維持において、細胞増殖と分化のプロセスの制御とともに、細胞死の制御も行い、そのバランスの上に成り立っているといってよいでしょう。とくに幹細胞システムを持つ血液細胞、小腸、皮膚な

どの細胞は交代が激しく、大量の細胞が生まれては死んでゆきます。

## 細胞の死にかた

細胞の死は組織化学的に二つの様式をとるとされています。一つはアポトーシスで、細胞の変性は核から始まり、核の凝縮、染色体の会合などが認められ、細胞質の変化は後から起きます。もう一つはネクローシスで、この際には細胞膜や細胞質の変性が先に起きることが特徴です。

発生過程では、特定の組織で特定の時期に細胞死が起きることがわかっており、「予定細胞死」と呼ばれています。これは細胞の自殺のプログラムであり、アポトーシスによって起きています。アポトーシスは、外界からのシグナルなどに対応して、細胞内で死の執行のプログラムが発動し、細胞内のタンパク質やＤＮＡなどの分解が先行して細胞の生きている状態が停止します。このような細胞死の執行のメカニズムや死細胞の処理機構はよくわかってきていますが、一般に生体内でアポトーシスが起きると、細胞は自己融解し、食細胞などにより速やかにきれいに処分されてしまうので、組織の中の細胞死の現場を見つけだすことは困難です。

では、細胞死はどこで見られるのでしょうか。細胞が急速に増加する胚発生から個体発生においても、死滅する細胞があることは古くから知られています。先に紹介した線虫の発生過程では、一〇九〇個の細胞が生じたのち、一三一個の細胞が死滅して、最終的に九五九個の細胞で成虫の個体ができることが細胞系譜の観察から確認されています。また、動物の手の指と指の間の水掻きにあたる部分の細胞死がよく知られています。

## 神経細胞の死にかた

このような発生過程での予定細胞死はあちこちで起きていて、脳の神経の形成でも見られます。神経細胞は発生過程で増殖分化し、移動して標的細胞とシナプスを形成しますが、このときに神経細胞は過剰に生産されるので、標的細胞とシナプス形成できなかった二〇〜七〇%の細胞は脱落し、死が起きるとされています。標的細胞は神経栄養因子を放出し、神経細胞はその受容体を発現しており、神経細胞が標的細胞に到達し、シナプスを形成すれば生存することになりますが、栄養因子反応性を獲得するかどうかは確率論的に決まり、それによって神経細胞の生死が決まることになっています。

## 免疫細胞の死にかた

免疫機構の発生過程においても、細胞死が重要であることがわかってきています。Tリンパ球はそのもとの細胞が骨髄で生産されて胸腺内に移動し、そこで盛んに増殖し、遺伝子変異を起こして多様な細胞を認識できるようになりますが、この過程で、自己を認識してしまう細胞はアポトーシスを起こして排除されるので、その結果として自己に対する抗体はできなくなります。一方、非自己の多様な抗原と強く反応する細胞は存続します。このように、免疫機構では、多様な免疫細胞を生み出してから、役割に適した細胞のみが選別されるのです。これは突然変異と適者生存というダーウィンの進化論が個体内で起きている例ともいえましょう。

## 個体の老化と細胞の死

寿命は、生物個体が生まれてから死を迎えるまでの時間の長さを示す表現です。これと関係する事象として、加齢や老化と呼ばれるものがありますが、加齢は生物個体の時間軸に沿った変化を表現し、老化は加齢の最終段階の変化に注目した表現といえます。

個体は多細胞生物が不死性を持つ生殖細胞を守るために発達し、進化した装置にすぎないと述べましたが、この装置としての個体は、ヒトでは、生物学的に実のある生殖年齢を超えて長く生存するのが特徴です。このために、人は精神活動、社会活動を通じて長い人生を楽しむとともに、苦悩をも味わうことになります。

老化現象は、とくに神経変性による脳疾患（アルツハイマー症、ハンチントン病など）、血管変性などによる血管系疾患、遺伝子変異の集積としての発癌など、加齢とともに頻度が高まる疾患の発症と大きな関係がありますが、これは人が長い寿命を持っていることと関係があります。しかし、酵母から、線虫、ショウジョウバエ、マウス、ヒトにいたるまでの生物学的研究から、寿命と老化は、多様な生物で共通に認められる生物学的特性であるといえます。寿命は遺伝的にプログラムされたものか、また環境との関係において障害が蓄積した結果生じるものかは、議論のあるところであり、多様な仮説がありますが、少なくとも、人も含めて生物の寿命が遺伝的影響を受けていることは間違いありません。

## 老化するか癌になるか、細胞はどちらを選ぶ?

個体の老化があるように、細胞も老化するのでしょうか。

ヒトの一個体はおよそ六〇兆個の細胞の集団ですので、個体の寿命は、個体を構成している細胞の寿命によって規定されていることが予想されます。では細胞には寿命があるのでしょうか。

ヒトの皮膚組織などから繊維芽細胞を取り出して培養すると、細胞分裂を重ねると分裂が停止し、老化し、死滅することが知られていて、これは細胞分裂寿命と呼ばれています。この分裂寿命を規定しているのは、テロメアと呼ばれる染色体の末端構造です。そのメカニズムは省略しますが、細胞分裂にしたがってＤＮＡの複製が起きると、ＤＮＡは複製するごとに末端が短縮されてしまいます。テロメアはテロメラーゼと呼ばれる酵素によって維持されていますが、成長して分化・成熟した組織細胞の多くは、このテロメラーゼ活性が減少しているために、複製が起きるごとにテロメアの短縮を保護できなくなっているのです。その結果起きる染色体末端の短縮は、ある一定以上に以上短くなると、染色体の不安定性を招き、遺伝子欠損や組換えが起き、細胞の機能が損なわれてゆき、死を迎えると考えられます。また、テロメアの長さは、酸化ストレスなどによるDNA障害からも大きな影響を受けることがわかっています。ちなみに、二〇〇九年のノーベル医学生理学賞はテロメアの発見者に授与されています。

## 個体形成後も分裂できる細胞は両刃の剣

個体を形成する能力を持つ胚の幹細胞や生殖細胞は永遠に生き延びることができる不死性の細胞ですが、組織の幹細胞は生涯を通して個体を維持するだけの分裂能を持っているものの、完全な不死性は備えていないと考えられています。

多細胞生物は基本的に分裂する細胞と分裂しない細胞を含んでいますが、ショウジョウバエや線虫などの短命の動物では、ほとんどの細胞は分裂を停止した細胞で構成されています。一方、ヒトなど長命の哺乳動物では多くの組織の細胞は分裂能を残していますので、個体の組織の自己更新や修復、さらには再生もできるという利点として働き、個体の寿命を延ばすのに効果的です。しかし、一方で、細胞が異常に増殖しはじめる病気、すなわち癌になりやすいという危険性も持つことになりますので、個体にとっては両刃の剣になっているのです。

再生可能な幹細胞を備えた組織は、癌の発生の重要なステップである細胞増殖が起きる頻度が高くなりますし、DNAの複製が頻繁に起きて体細胞の遺伝子変異が増加し、これが固定化されれば、癌化の主要な原因となることが予想されます。したがって、哺乳動物など組織の更新や再生の可能な生物では、癌の発生は長寿化に対する大きな障害なのですが、反面、癌の抑制機構もまた進化してきたともいえるのです。

## 細胞の癌化

### 癌は遺伝子の変異によって起きる病気

癌細胞がどのようにして発生するかについて、そのメカニズムはよくわかってきました。癌は細胞が異常に増殖を持続してしまうという病気です。それは変異のために、増殖を停止できる細胞が停止できない細胞に変換するのです。

現在一〇〇を超える遺伝子が癌の原因となる遺伝子として知られています。これらの遺伝子では細胞増殖を進めるアクセルを踏み続けるような状態への変異が起きます。同様に、ブレーキ役となる癌抑制遺伝子が変異を起こしても同じ結果になってしまいます。多くの癌細胞は、この二つのカテゴリーの遺伝子の両方が多段階で変異を起こした結果として生じることがわかっています。

通常起きている致死的な遺伝子変異は細胞を死に導くため、膨大な細胞でできている体にとって致命的になることはありませんが、癌細胞は無限の増殖性のために、たとえ体の中で一つの細胞が癌化したとしても、時間がたつにつれて増えてゆき、正常組織を侵すようになります。癌細胞の発生は、変異によって増殖能を獲得した細胞が、体の中で適者生存という条件を満たして生存条件が優位になってゆくという点で、まさにダーウィンの自然選択説によって説明ができ、癌細胞は細胞の進化した姿ともいえますが、癌細胞の振る舞いは結果的に個体を死に導いてしまうので、種の進化に結びつくことはありません。

## 癌化の監視機構

癌の抑制機構は、機能的にはつぎの二つに大別されます。

まず、ＤＮＡに障害が起きることを阻止したり、ＤＮＡの障害を修復したりして、長寿化を保障する管理機構が恒常的に働いていると推定されます。

しかし、この管理システムは完全ではなく、障害を起こすＤＮＡは出てきます。その時に働くのが、監視役としての癌抑制遺伝子（Ｐ53）です。これらは、癌になりそうな状態の細胞があると、それを察知して、その細胞を体から取り除こうとします。

具体的には、癌化しそうになった細胞にアポトーシスを誘導して死滅させるか、可能なら、細胞の増殖をいったん停止させて、修復する時間稼ぎをして元の細胞に戻すようにします。また、永久に細胞の増殖を停止させた状態（いわば細胞が老化した状態）に導くことで、癌化を防ごうとします。

ただし、癌化を防げたとしても、細胞死や老化した細胞の蓄積は、組織の障害をもたらし、加齢疾患を生ずることになります。

## 老化と癌化は紙一重

老化した細胞は、個体の老化や老化に依存した疾患、とくに癌化にどのような影響を与えているのでしょうか。老化した細胞それ自体が増殖を停止させても自己更新や修復能を持つ多くの細胞の中では大きな障害とはならないのですが、むしろ、老化した細胞がその遺伝子発現を変換させ、組織環境に影響を与えることが問題です。

たとえば、上皮組織では、間質細胞が上皮細胞と接触していますが、間質細胞が老化すると蛋白分解酵素や炎症性サイトカインが放出され、組織の構造が破壊され、組織の生理機能を劣化させる可能性があります。そして、もし、同時に上皮細胞に遺伝子変化が起き、癌化の初期の細胞に変わると、間質細胞の老化によってもたらされた組織環境の変化が、癌化の初期にある細胞の増殖・維持に好適な環境となってしまい、さらに癌化を進行させる可能性が考えられるのです。

こうした外的要因による遺伝子変異の蓄積に加え、老齢になり、体の細胞の複製寿命に限界がくると、テロメアの短縮をもたらし、染色体異常が起き、結果として癌化に導かれる頻度が上がることになります。すなわち、細胞に寿命があることで、一見、癌化を防ぐことができるようにも思いますが、細胞寿命もやはり両刃の剣として働いてしまうのです。

つまり、加齢は個体にとって疾患の頻度をあげ、とくに癌が起きる頻度を上げているのであり、これは人のように生殖年齢を過ぎて長く生きている生きものには宿命ともいえるのです。

# 第8章　言語機能

## 「言語機能」とは何か

### 生成文法理論を生物学的に解釈すると

言語については言語学をはじめとして多様な研究が行われていますが、「言語機能」という言語は一般の人には耳慣れないものです。

言語機能は、言語という認知能力に関する詳細な研究に基礎をおき、人間の「心」の本質に近代科学的方法論をもって迫ろうと試みてきたノーム・チョムスキーの「生成文法理論」によく出てくるものです。それまでの言語学は文科系の専門領域であり、生命科学者とはまったく関係ないように思われてきましたが、彼の提唱する言語機能は、言語の研究と脳の研究を総合的に結びつけ、言語機能の生物学的理解という課題を生命科学者に与えたという点で重要な貢献をしたのではないかと思います。

筆者は言語学には門外漢であり、実際いくつかの生成文法の入門書を読んでもその言語学的理論は難解でほとんど理解できませんでしたが、チョムスキーの『生成文法の企て』（岩波書店）の訳者である福井直樹と辻子美保子の両氏による「訳者による序説」がよくまとまっていてそれなりに理解できましたので、これに沿って私なりにチョムスキーの考え方を生物学的な観点から捉えてみたいと思います。

生成文法では「言語」という概念を、一貫して「人間が心・脳の内に持っている言語能力」という意味で捉えています。これは、われわれが日常生活において使用している「日本語」、「英語」などのような外在物をなんとなく想定して用いている「言語」とは違っています。「言語」とは、あくまで人間を離れては存在せず、その本質はあくまでも人間の心や脳の内にこそ存在するという立場をとっています。この立場に立てば、「言語の研究」はすなわち「脳の研究」に他ならないことになります。

生成文法理論を決定づける基本的な問題をまとめると、（一）言語知識、（二）言語知識の獲得、（三）言語の使用、（四）言語の脳科学的基礎、（五）言語の進化（系統）発生、の五つに整理されます。

まず、「言語知識」は、「母語話者が（主に）脳の内に持っているその母語に関する知識＝その言語を話せるための（基礎）能力」として定義されます。そして、「言語知識」を「I言語＝internalized language」と呼び、客体としての言語（E言語＝external language）と区別して使用します。I言語は母語話者の脳が安定的に示す状態であり、人間の自然界での実在性と対応してI言語も実在性があると考えています。

つぎの「言語知識の獲得」は、外側からの適切な刺激を受けないと言語知識の獲得ができない、ということです。このことは学習するという上からは当たり前のように思いますが、まったく言語を知らない幼児が母語を獲得するときには、大人が外国語を学ぶような一般的学習機構を用いて学習するのではなくて、幼児の脳の内に経験に先立って生得的に（すなわち、遺伝的あるいは生物学的にといってもよい）組み込まれている機能を使うという前提に立つのです。そして、このような生得的な機能は正常な幼児ならばだれでも持っており、必ず少なくとも一つのI言語を母語として獲得できるようになると考えられます。確かに、新たに外国語を学習しようとすれば大変なのに、とくに親がきちんと筋道立って教えないのに、ほとんどの幼児が言語を話せるようになるのは不思議といえば不思議であり、この能力はヒトという種の生物学的特性として備わっているものだといわれれば、多くの人は納得できます。そして、この生得的能力を使って、きわめて限られた質の低い第一次言語を基にして、驚くほど複雑で入り組んだ高度の言語知識の獲得ができるようになるのですが、ここではこれを支えているのが生物学的な「心的器官」(mental organ)であると想定します。この想定は賛否両論があるところでしょう。私の生物学的解釈がチョムスキーの理論に合致しているかは専門家の批判を待ちたいと思います。

この心的器官こそチョムスキーの言語機能の本質といっていいと思うのですが、心的器官と呼ぶ理由は、生成文法理論では、言語機能を人間の全認知システムを構成する諸々のシステムと捉え、循環器系、呼吸器系などと同様に、脳内に実在する自律的システムとみなすことができるからです。実際、循環器系を考えてみれば、それを構成する心臓やからだ全体に張り巡されている血管系を統御的に働かせるために、脳幹など特定の脳領域に、筋肉や神経系や内分泌系などの働きを協調させる領域が想定されていて、これが停止すると脳幹死として現代のヒトの死が判定されることになります。しかし、この究極の機能的、生理的なメカニズムを理解しようとしても、心臓、血管、神経というように、個々の組織の構造や機能を分断して個別的に説明するだけでは十分とはいえず、死の判定基準にも疑義が呈されるのでしょう。

このように考えると、からだの中の統御機構として心的器官(あるいは言語機能)があると想定することは、荒唐無稽とはいえないように思えます。「言語の研究」を「脳を中心とする生体統御機能」を解明する研究と読みかえれば、生物科学者が入り込んでゆくことも可能になると思われ、「言語の脳科学的基礎」という形で具体的に実証が可能になります。また、とくに本書で触れるように、「言語の進化（系統）発生」については、言語を話すことがヒトの最も際立った特徴ではあるものの、生物進化のうえからは、言語機能を担う心的器官が突然人間にのみ降ってわいたわけはないので、他の動物、とくに霊長類などとの関係において「心的器官」の進化、系統発生を生物学的に追跡してゆくことが今後の重要な課題となるでしょう。

## 言語の起源と進化

一八六〇年代ごろのイギリスのアカデミーやフランスの言語学会では、言語の起源については空しい理論づけが増えるばかりなので議論しないように、と警告したといいます。それほど言語や会話がどのようにして成り立ったのかは諸説紛々であったということでしょう。

それから一世紀以上たったあとでも、過去五〇年の間で最も影響力のあった言語学者といえるチョムスキーは、「現代においても言語進化と脳のメカニズムの基本は人間の理解力を超えたものだ」と言っています。そして、言語の起源の問題は、言語学者の中では長い間、あいまいにされたままでした。

しかしながら、一九九〇年に、生物学を貫いたダーウィンの進化論の考え方が言語学にも波及して、「言語も自然選択で進化したに違いない」と考えるようになり、ふたたびチョムスキーの言語の進化に関しての理論が脚光を浴びることになってきました。そして、この一〇年間で、多数の研究者がさまざまな原理や新しい思考方法、新しい研究方法を用いて言語の起源の研究に意欲的に取り組むようになり、新しい展開が起きようとしています。実際、一九八〇年代から一九九〇年代までの間に、「言語」と「進化」の両方に関係する論文の数は倍になっています。

言語の研究として、言語や単語そのものの起源や進化の研究もあります。実証的な研究としては、考古学的な研究、中間的形態の言語からのモデル化した言語の復興の試み、言語進化を制約している理論的背景についてのコンピューターモデルなどが進められてきました。しかし、この機能はあまりに複合的なものであるために、いずれも確定的な情報を提供するまでには至っていません。ここでは、言語も自然選択で進化したに違いないという、ダーウィン流の生物進化における系統発生と同じように考えて、単語変化における言語発生の系統樹と進化についての研究例を紹介します。

## 言語の進化系統樹

言語や単語は、遺伝子で引き継がれることはありませんが、学習によって次世代へと文化的に伝えられます。そこで、現代の異なる地域の言語を分析し、単語、文法などを精査して、より似ている言語と似ていない言語というように、お互いの関連性を追跡してゆくと、その最初の言語である祖語（多様な言語の先祖となる言語）にたどりつことができると思われます。これはちょうど生物進化における系統発生と同じように考えて、単語変化をもとにして言語発生の系統樹を描くこともできるのです。

## インド＝ヨーロッパ語という祖語の再建

一八世紀から一九世紀には言語学は歴史科学であると考えられ、言語学者は音韻変化の規則性を発見することによって、英語やサンスクリット語などの言語が時代を通してどう変化したかに焦点を合わせました。そしてヒンディー語、ロシア語、スペイン語、英語とゲール語などのさまざまな現代語に分岐した先祖の方言であり、およそ六〇〇〇年から九〇〇〇年前に話されていたとされるインド＝ヨーロッパ語という、現代では死語となっている祖語を再建することに成功しました。そして、これらの初期の言語学者の最高の業績として、インド＝ヨーロッパ語族について、多様な単語の間の関係性にもとづいた階層的な系統樹を作り出したのです。

単語とともに、文法という規則も文化の発展にしたがって時間とともに変化してゆきます。新しい規則が優勢になると古い規則は滅びていくように、長い歴史のうえから見ると、文法上の規則も互いに競い合い、ある種の進化が起きているように思えます。その進化は生物の進化における自然選択のようなある特定の原理によって変わってゆくと思われますが、詳細はまだはっきりしてはいません。以下にふたつの分析結果を紹介します。

## 使用頻度の高い単語は進化速度が遅い

最近の研究で、この言語の進化の動態を探るため、過去一二〇〇年間にわたる英語の動詞活用の規則、とくに過去時制について調べた報告があります。英語はインド＝ヨーロッパ祖語（印欧祖語）から分化した言語の一つであるゲルマン祖語から派生したものであり、ゲルマン祖語には活用の複雑なシステムが存在していたと考えられています。現代英語で、たとえば「ゆく」という動詞の go は、過去時制では went というように異なった言語となっていて、不規則動詞と呼ばれています。speak と spoke、be と was などもこの仲間です。一方で、接尾辞「-ed」を用いて過去形を表す規則動詞もたくさんあります。そこで、活用が一〇〇〇年以上にわたって変化してきた動詞のデータセットを作り、その変化を一七七語の古英語の不規則動詞までたどって追跡してみました。すると、これらの不規則動詞のうち、一四五語は中期英語でも不規則動詞のまま残り、そのうち九八語は今日でも不規則動詞のまま残っていることがわかりました。そこで、動詞の規則化の速度が言語の使用頻度にどの程度依存しているかを調べたところ、ある不規則動詞の半減期はその使用頻度の平方根に応じて決まることがわかりました。すなわち、ある動詞の使用頻度が一〇〇分の一だとすると、一〇倍の速度で規則動詞化することになるのです。このような定量的な解析からは、不規則動詞がだんだんと衰退していく間に、この言語規則が出現してきたことを示しているといえます。また、規則化プロセスによって、古い言語形態は新たに出現してくる言語規則に次第に取って代わられていくことになったともいえるのです。

また、祖語を同じくする言語の間では、たとえば、英語の「tail（尾）」にあたる語は、ギリシア語では「*ουρά*」、ドイツ語では「schwanz」、フランス語では「queue」というようにまったく違うのですが、二という数字を表す言語は、これらの言語間のどれも「two」に関連している言語となっています（それぞれ*δύο*、zwei、deux）。このように、祖語を同じくする一〇〇を超えるインド＝ヨーロッパ語と方言の中には、同じ意味を表す言語なのに、「tail」のように何十もの全然違う語形の単語が使われているものもあれば、数字の「two」のように、インド＝ヨーロッパ語族すべてで似た語形が使われているものもあります。意味によって語彙変化の速度がこのように顕著に異なるのは、それぞれの言語の変化が起きるのに何か一般性のある言語学的機構が存在していたと考える言語学者もいます。最近の研究で、この点に注目して、四つの互いに異なる言語群（英語、スペイン語、ロシア語、ギリシア語）の大規模な言語資料と、八七種のインド＝ヨーロッパ語の二〇〇の基本的な語彙の意味の比較データベースを用いて、現在の言語でこれらの単語が使われる頻度を調べた研究結果が報告されています。その結果、数千年にわたるインド＝ヨーロッパ語の進化の歴史の中での単語の置き換えが起こった頻度を推測できるようになりました。これら二〇〇の単語のすべてにおいて、高頻度で使用される単語は進化速度が遅く、使用頻度の低い単語の方が、進化が速いという結果が得られました。そして、このような関係は一部の単語に当てはまるのではなく、四つの言語資料のいずれにおいても、およそ半数の単語について、話し言語の複数の品詞を通して、別個に、かつ等しく認められるのです。すなわち、特定の単語が日常語として使われる頻度は、一般的な選択の法則にしたがってその進化速度に影響するという、ごく当たり前のことがはっきり証明できたといえます。

これら二つの分析結果は比較的最近に『ネイチャー』誌に報告されたものですが、コンピューターを使ったずいぶん大変な作業のわりには、誰が考えても当たり前と思われる結論しか導き出せていないと言ったら、研究者に申し訳ないでしょうか。

## インド＝ヨーロッパ語の起源

ただしこの分析で、遺伝子進化の系統樹において進化年代を推定するために、言語の特徴的な変化が起きる年代がより厳密に推定できるなら、考古学的資料や生物学的人類史などとの整合性も明らかになってくるかもしれません。言語の起源と進化も、人類の歴史を知るうえで貴重な手がかりとなります。インド＝ヨーロッパ語を話す人々の起源がどこであったのかは、いくつかの遺伝学的研究でも決着がついていませんし、歴史言語学の研究でもやはり解決が得られていません。インド＝ヨーロッパ語族文化の起源を説明する仮説はこれまでに、「クルガンの拡大」説と「アナトリアの農耕」説の二つがあります。クルガン説は、今から六〇〇〇年前に現れた、馬を飼育するクルガン人がヨーロッパや近東地域に広がったことを示すと思われる考古学上の証拠に注目したものであり、これに対してアナトリア説では、今から九五〇〇〜八〇〇〇年前にアナトリアから農耕が広まるにつれてインド＝ヨーロッパ語族も広まったと考えるというものです。最近、この言語の進化について、進化生物学で開発された計算法を借りて言語学データを解析しようという試みがなされ、八七言語を対象に二四四九語彙からなる行列について解析した研究成果が報告されました。この分析によると、インド＝ヨーロッパ語族の最初の分岐は、今から九八〇〇〜七八〇〇年前であると推定されました。この年代は、アナトリア説と驚くべき一致を見たことから、インド＝ヨーロッパ語族文化の起源はアナトリアとする説が有力になっています。

## オーストロネシア語の起源

インド＝ヨーロッパ語族と並んで大きな語族は、オーストロネシア語と呼ばれる語族です。この語族に属す言語は、東はイースター島から東南アジアの島嶼群（インドネシア、マレーシア、台湾、フィリピンなど）を経て西はマダガスカル島まで、北はハワイ諸島から南はニュージーランドにいたる広大な地域に分布し、その数は八〇〇～一〇〇〇にのぼると推定されていますが、大別して、インドネシア語派、メラネシア語派、ポリネシア語派の三つの語群に分類されています。

現在ではさまざまな言語に分化しているオーストロネシア語群も、かつては単一の言語であったと考えられ、仮説的に再構成されたオーストロネシア祖語が想定されています。オーストロネシア祖語を話していた人々の故郷は、東南アジアあるいは中国南部と推定されています。そこからどのように島嶼部各地に広がっていったかについては、大陸からまず台湾に移って、そこから各地へ広まっていったとする台湾経由説が有力視されていました。

最近、オーストロネシア語の詳しい比較分析が行われ、この仮説を支持する研究結果が報告されました。そこでは、二一〇個の基本語彙についての類似性、つまり語源にもとづいて、四〇〇種の言語の関係を表した系統樹を作成しています。そして、この系統樹から、オーストロネシア語族のルーツは台湾にあり、約五〇〇〇年前に分化し始めたと推測されました。この語族の移動においては、二度の大きな中断があったと推定されています。まず、最初の中断は、台湾とフィリピンの定住の間に起きたもので、二地域を分断する三五〇キロに及ぶ海峡を横断するのが困難であったためと考えられます。また西ポリネシアで起きている二度目の中断は、東ポリネシアの島々の間に広がる広大な距離を渡るには、もっと優れた技術や社会革新を待たなくてはならなかったためと考えられています。

オーストロネシア語を話す人々が、その高い航海術を駆使して東へと移動した時期は二回に分けられ、はじめは、今から五〇〇〇年前に動き出しています。そして、その動きは三〇〇〇年前ほどからよりダイナミックとなり、わずか四〇〇〇年の間に土器や樹木類、根茎類を携えてメラネシア、ミクロネシア、ポリネシアの大小の島々へと渡り、移住、定住、混血を繰り返しながらやがて東の果てイースター島まで拡散していったということになっています。

このように、現在使われている多様な言語から、生物進化に類似した系統樹とその起源としての祖語を構築することは、現代の言語の特徴や成り立ちを知り、人類の文化や移動の歴史を知る上でも重要です。しかし、この仮想的な祖語のレベルでも十分に複雑すぎて、生物の進化系統樹から単細胞の原始生命体を想定することができたようには、人類が最初に発した言語にたどりつくことは難しいと思われます。

ただ、インド＝ヨーロッパ語とオーストロネシア語の起源とそれを話す人々の起源が、考古学的、あるいは人類進化の歴史と年代的にかなり一致していることは、言語機能が人類進化において重要な役割を果たしていることを予感させます。

## 「言葉を話す」という「言語機能」の研究

### 人はなぜ言語を必要としたのか

言語で交信するというヒトのすばらしい能力はどのようにして始まったのでしょうか。ルソーは、先にあげた『人間不平等起源論』の中で、自然人から社会人へと転換してゆく人間にとって、言語がいかに重要であったかを指摘し、言語の起源や、身振りと分節言語などについて詳しく考察していて、その慧眼には驚かされます。

たとえば、「言語の起源」について、ルソーは、それを「どのようにして言語が必要とされるようになったか」という質問に置き換えて、「母親は最初に自分の欲求にしたがって子供たちに乳を与えていたが、やがて哺乳が習慣となって子供がいとしいものになり、子供たちの欲求にしたがって養育するようになってゆく。ここで注意しなければならないのは、自分の欲求を説明しなければならないのは、子供の側であり、母親が子供に伝えるよりも、子供が母親に伝えることのほうが多いということになり、子供の使う言語の多くは、子供が発明したものでなければならない」と説明しています。これと対応している、ごく最近の二つの論文を紹介します。

## アメリカと中国の聴覚障害の子供は類似の手話を作りだすことができる

聴覚障害を持つ子供は、交信するのにまずジェスチャーを使用します。これらのジェスチャーは、文と単語のレベルで構造化されるという点で自然言語に似ています。耳の聞こえる親は一般の人の会話で使うジェスチャーを使って子供と対話しようとしますが、聴覚障害の子供はそのジェスチャー表現に、言語のような構造を導入する傾向があります。

この点を利用して、アメリカと中国という二つの異なる文化圏の、親の聴覚は正常である聴覚障害の子供たちを観察することによって、この現象について調査した研究があります。文化圏の違いゆえに、子育ての実際の場面で、アメリカと中国の両親は、それぞれの文化に関連して異なったジェスチャーを使います。しかし、二つの文化で開発された自然発生的な子供のサインシステムは、多くの構造的な類似性を共有していることがわかりました。

面白いことに、アメリカ人の母親のジェスチャーは、彼らの子供のものにあまり類似していませんでした。実際、アメリカ人の子供のジェスチャーは、自分の母親のものより、中国人の子供のジェスチャーと共通性が高いことがわかりました。

つまり、アメリカ人の子供は、子供自身がサインシステムの構造的特徴を作り出しているように見えます。一方、中国人の母親のジェスチャーは、その子供のものによく似ていました。したがって、中国人の子供は、母親のジェスチャーの一部を学びとったのかもしれませんし、母親は子供が自ら作り出したものを、もう一度学んだのかもしれません。

この両者の違いは、子供の交信、または言語自体に対する態度の相違にかかっているのでしょう。理由はともかく、アメリカ人の子供は、みずから身振り言語を作成していて、母親には依存していなかったという事実が残ります。アメリカ人と中国人で顕著な文化的な違いがあるのに、子供が作りだす身振り言語が構造的に類似していたということは重要で、子供はみずから言葉を作りだしていることの証明といえるでしょう。

これらの構造特性と、削除したり順序立てたりして言語の意味を作り出してゆく方法や、一つの文の中に提起したり連結したりするという言語の発達の堅固さは、もちろん、チンパンジーでは認められないものであり、しかも大きく変化する環境要因を超えて安定的なものであり、その意味では、チョムスキーのいう「生来的な言語機能」に相当すると考えてもよいと思われます。

## 日本人の赤ん坊は日本語で泣く？

赤ん坊は泣くことが仕事で、お腹がすいても、暑くても、かゆくても、眠くても、赤ん坊の泣き声は「早く私を助けて」という呼びかけになっています。初めて子供を授かった両親は、赤ん坊の泣き声が何を求めているのかわからず右往左往させられます。しかし、赤ん坊が泣くのは、こうした注意の喚起以外にも何かありそうです。

赤ん坊はどのようにして「泣く」ことを始めるのでしょうか。赤ん坊は泣くのが当たり前と思ってしまいますが、これにも理由があるはずです。赤ん坊の「泣く」という行為は、マウスのコールや鳥の「鳴く」という行為と似ているといえますが、「泣く」ことは、単なる赤ん坊の自発的な行為ではなく、聴覚からの入力をも伴ったものと思われています。

赤ん坊は生まれるときまで、長い間母体の中にいますが、音を聴くことで、すでに外の世界についての学習をしています。妊娠の最後の三カ月までには、胎児の耳は母親の声などの音を検出することができるまでに発達していますし、声道もよく発達しているといいます。新生児は母体にいるときに聞いた音（それはおもに母親の母語の会話ですが）を好むようになっているかもしれませんし、いわゆる胎教としての音楽も効果があるのかもしれません。

このように早い時期からすでに発達している新生児の聴力は、その後の語学習得だけでなく、母親との間の接触やコミュニケーションにおいて必要と思われます。母親との間の接触によって、新生児は、母親の声を別の女性の声と区別できるようになっているといいます。

いつ頃からその区別ができるのかを詳しく調べると、生後三日目の新生児はすでに、母親の声を他の女性の声より好んで聴き分けることができるばかりか、別の女性の声に優先して母親の声をまねて発声しようとするという結果が得られています。この母親の声を区別して発声する能力は、母親に抱かれて授乳されるなど、母親の密接な接触に依存していると考えられます。

母親の声をまねて声を出そうとして泣いていることを、別の角度から分析すると、赤ん坊は生まれ出るとすぐに、その母国語のメロディーをまねる泣き方をしていることがわかったのです。

二〇年間赤ん坊の泣き声を研究していたドイツの女性研究者によれば、生後二カ月の間の泣き声が、より複雑なメロディーとリズムを持っている子供は、成長したあとでより優れた語学力を持つと報告しています。彼女は「泣き声のメロディーは、本当に言語発達の始まりだ」と言っています。

彼女らは最近、生後二日から五日の三〇人のドイツ人と三〇人のフランス人の赤ん坊の泣き声のデジタル記録を分析しました。これらの新生児の泣き声はすべて自然発生的に起きるものを記録していて、とくに刺激を与えて泣かせた泣き声ではありません。

泣き声には、下側のピッチからより高いピッチに上昇するタイプと、ピッチを下げるタイプとがありますが、フランス人の赤ん坊の多くはピッチが上昇するタイプで泣くのに対して、ドイツ人の赤ん坊は降下してゆくタイプの泣き声になりました。これらのメロディーのタイプは、フランス語とドイツ語の会話の典型的なパターンとよく似ているといいます。

つい最近科学雑誌に発表されたこの論文を読むために、著者にメールで論文を送ってくれるよう依頼したところ、論文とともに、「いま日本人の赤ちゃんの泣き声を調べているところだ」との返信をもらいました。日本人の赤ちゃんは日本語のメロデイーで泣くに違いありません。

このように、赤ん坊の泣き声がその後の会話に重要であることがわかってくると、言語機能においては、マウスや鳥の鳴き声と同じようなメカニズムが働いていると予想されますし、実は胎内にいるときから幼児はすでに言語の学習を始めていた可能性があります。だとすれば、ルソーのいうように、「言葉は子供が発明したもの」であり、内在的、自律的に持っているといっていたチョムスキーのI言語なるものは、胎児のときからの学習に依存しているものであって、生れ出たときにすでに持っていたように見える能力も、胎児のたゆまない努力の結果なのかもしれません。

## 人間が言語体系を作り上げる能力は生来的なのか

チョムスキーがいうように、人間の言語能力は自然界の他の動物と比較して際立った特有の能力であるように思えますが、生物進化の上から考えれば、言語機能がヒトにのみ存在するということは考えにくいことです。ヒト以外の多くの動物でも、お互いにコミュニケーションをする能力を持っていますが、その多くは警報、個体識別などの簡単なメッセージに限られています。対照的に、人間は、ごく普通の人でも何万もの単語のボキャブラリーを使う手段を持っていて、複雑なセットの構造的な規則にもとづいて、現在、過去、あるいは未来のこと、さらに抽象的な事象についてまでも、潜在的に無限の数の自由な構文を組み立てることができます。

この豊富な言語体系は通常、とくに意識的な努力をしなくても、また特別な教育を受けなくても獲得できてしまいます。この言語習得能力はきわめて確固としたものであり、聴覚入力がないからといって、その能力がなくなるというわけではありません。聴覚障害をもつ赤ん坊は手を使って言語表現をしようとしますし、少ししか手話ができない聴覚障害の子供でも、言語のようなジェスチャーを開発することができます。

ヘレン・ケラーは、二歳のときに熱病にかかり、聴力と視力を失い、話すことができませんでしたが、家庭教師サリバン女史の献身的指導と不屈の自立精神により、読み書きをマスターし、自分の「言葉」を獲得した「奇跡の人」として有名です。

ルソーは、「大洪水が起きて住んでいる地域が水に囲まれて孤立したか、大きな地震で作られた断崖で孤立したとか、あるいは地殻の変動で大陸の一部が孤立して島になったように、孤立した場所に閉じ込められて一緒に暮らさざるを得なくなった人々の間で、固有の共通言語が発生した」と考えています。

では、現代において、既存の言語体系から隔絶されていて、独立した新たな言語を作り出さなくてはならないような状況があるでしょうか。そのとき、その言語は豊富な言語体系をもつことができるでしょうか。以下に二つの例を示します。

## ニカラグアの若者が作り出した手話

聴覚障害をもつニカラグアの若者が新しい手話（ニカラグア手話）を作成してゆく過程を、二五年間ずっと観察した研究報告があります。ここでは、言語がもつ普遍的で顕著な特徴が、どのようにしてできあがってくるのかを知ることができます。この若者が自らの言語を創造するとき、複雑な出来事を基本要素に分割して、階層的に構造化された表現に、これら要素を配列してゆくことがわかりました。このやり方は、私たちが通常使っている言語環境で会話の際に伴う身振りとはかなり違うものです。この若者の新しい手話を繰り返して学習した人々は、この基本的な手順を広げながら、最初の身振りの形を手話という言語体系に変えてゆくことができたのです。これは、子供には、与えられた言語をその基本的な構造に当てはめてゆくという学習能力が、生来的に備わっていることを示すものといえるかもしれません。

## アル・サイドベドゥインの手話

安定した共同体の中で、明白な外的影響を受けることなく自然に作成された言語として、アル・サイドベドゥインの手話の統語構造についての報告があります。この言語は、遺伝学的な聴覚障害者が多く住んでいる孤立した共同体で、ここ七〇年の間にできあがったものです。

この言語は一世代の間に、その始まりから系統的な文法構造にまで発展しましたが、動作、物、人々、特性などに対する慣例化された単語のリストを持ち、それらを特定の語順に配置することで文法を作るという、系統立った方法を作り出していました。この言語に現れる特定の単語の語順は、周囲の話し言葉や、隣接した地域で支配的に見られた手話とは異なっているので、他の言語が影響を与えたとは考えられません。したがって、文法構造の出現は言語内部で独立に開発されたと見なすことができるのです。

このように、人間は新たな言語体系を作り出す生得的な資質を持っているようです。

## 言語機能の起源と進化

では、いまわれわれがもっている言語機能とは生物学的にはどのようなものでしょうか。通常われわれは、何気なく言語を用いていますので気がつかないのですが、言語機能は、意識的な認知機能に依存して感覚知覚や運動機能などが連続的に作動する総合的な生体機能といえます。それが交信のための行為として機能するためには、多様な生体機能が協調することが必要です。

人が話すときには、その抽象的な考えを自動的に、舌、唇、顎などの複雑に連動した動きに素早く転換することによって、言語として伝えることができます。喉頭が正確に調節された振動で音声を作りだし、その結果として起きる変調が時間的に連続した音響学上の複雑な音の規則正しい配列として表現され、これが伝達されるのです。聞く人は、言語の区切り、速度、およびアクセントなど、とくにその境界を明白にするような合図がなくても、この生の音声の流れから意味のある言語を抽出することができます。話す人と聞く人は、お互い何回も役割を交代し、特定の音が意味することについてあらかじめ明白な協定をしておかなくても、重要な会話をすることができます。要するに、言語は、構文、意味論、音韻論などを同時に共同的に遂行して、実践的な表現を調整することのできる豊かなコンピューターシステムであるといえます。それゆえ、言語機能の遺伝的起源を理解するためには、言語に関連する感覚機能、運動機能、および知覚のシステムなどが総合的な生体機能として、進化してきた道筋を知ることが必要です。

長い間研究者たちは、言語機能をある種の「奇跡」として扱ってきたのですが、近年の脳画像科学、神経科学、遺伝学などの研究の大きな進歩にもとづいて、ヒトの脳機能とその生物学的進化についてより深く検討することができるようになってきました。そして、研究者は、その「奇跡」全体をそのまま対象として研究するのではなくて、これを小さく、またより処理しやすい課題に分解して研究してゆこうとしています。

実際に研究の進め方でも、いろいろな方向性があります。言語の研究で中心をなしてきた言語学者は、音声システム（音声学と音韻論）、形態学（音のより小さい重要な単位から言語をまとめる方法）、文章の構文と意味を支配している原則、などの言語の諸相を研究していますが、当然のことながら、ほとんどの場合、ヒト以外の動物の心理学的あるいは生物学的側面は考慮していません。

## ブローカ野とウェルニッケ野

人間の言語能力の神経的基盤を理解しようとする神経科学者は、人間特有の言語処理基盤として重要と思われる大脳皮質のブローカ野（一般的に文法に重要と考えられている）とウェルニッケ野（意味と音の構造に重要と考えられている）の二つの領域に注目して研究してきました。ウェルニッケ野は、一九八四年にドイツの神経科学者で外科医のカール・ウェルニッケが、この領域の障害が特有の失語症（ウェルニッケ失語、または感覚性失語）を起こすことを発見したためにつけられた名称です。この失語症は、言語の発声自体は自然な発音のリズムを保ち、また普通の文法に比較的則っているのですが、言語の理解に障害があるという特徴があります。一方、ブローカ野は、一九世紀の外科医ポール・ブローカにちなんだもので、この領域の障害は、運動性失語、非能弁的失語の症状を示し、文法的に複雑な文章を作り出すことができなくなります。

これら脳領域の研究は、言語が脳活動の上に成り立っているという本質的な性格を明らかにし、また、人が文章を作りだし、これを編集している間、さらにはそれを読んでいる間の脳の活動を電気生理学的な活動として解析できるようにするなどの成果がありました。

また、進化論的な基盤から言語機能を考える研究者もいます。ヒトの特別な能力としての言語機能は、行動や認知機能といった人間の複雑な特性とともに、生理学、遺伝学、ゲノム科学、発生学などの研究方法に進化論的な考察を加えることで理解が進む可能性があります。

## 言語機能の進化にはたくさんの仮説がある

言語の進化にアプローチしようとすると、まず、心的器官として言語機能の起源について考えることになります。言語機能は多様な要素を含んでいるために、その起源については多くの異なった仮説が提起され、お互いの論争を生み出しています。そして、この論争の間に研究方向性と結びついたいくつかの質問も用意されてきています。これらを整理のないまま列挙してみますと、（一）言語機能は、他の遺伝形質で見られるような適応型の進化の結果なのか？（二）言語機能はそれ自身が進化の選択圧となっていたのか？（三）言語機能は、ヒトの脳が大きくなり、複雑化したことなど、他の遺伝的特性に付随した二次的副産物として進化してきたのか？（四）言語機能は、一つの進化的事象が多面的に大きな影響を持ち多様な形質の変化をもたらすという強力なマクロ進化の結果として生じたものなのか？（五）言語機能のどの部分が進化の過程で選択的に有利に働いたのか？（六）言語機能は、情報伝達によって脳内知覚システムが改良されたこと、性による選択、あるいはヒトの社会的な組織化などの結果として進化してきたのか？（七）声道のすばらしい調音の手段と、伝達したい要素を統合して意味として調整する手段は、どちらかが先に進化したのか、あるいは共進化したのか？　などです。

このように大変たくさんの疑問が出てきますが、それは、言語機能があまりに多面的な要素を持っている特殊な生体機能であるため、たとえば個々の臓器の特異的機能のように、焦点を絞って解析できないことに起因しているものと思われます。それゆえ、研究結果が、この質問に答えられるような総合的なものではなく、まだ断片的なものに留まっているのは、やむを得ないのです。

## 言語機能の進化に考古学証拠はあるか

認知システムを直接的に表しているような化石記録が残されているわけはないので、考古学的なアプローチは、最初から限界があると思われます。そこで、多くの研究者は、人間の脳が「突然天使の舌をもって話すことができる能力」を獲得するというような進化を遂げたのではなく、言語能力における進歩を促進するために必要となる「言語の準備段階」とも呼ぶべき、より穏やかな状態があったと考えるようになっています。

まず、他の動物と人間の間の五〇〇万年の隔たりをもつ進化過程で、交信上の手段の違いにつながるさまざまな重大な出来事があったのではないかと考えますが、まだ進化の道筋について明確な証拠はほとんどないといえます。たとえば、人類の最初の石器は二四〇万年前に現れていますが、人類はこのときには、すでに言語機能をもっていたと考えている研究者もいますが、他の研究者は道具を使うことは言語機能とは関係ないと主張しています。

ヒトの脳の大きさの急速な拡大の区切りとなっている二〇〇万年前こそが、言語機能がスタートした時期であると考える研究者もいます。それは、この時期のヒトの脳は、左正面の皮質のブローカ野と左側頭葉のウェルニッケ野をすでに持っていた可能性があるからです。

言語機能を「発声機能」という観点から見ると、化石の骨格の研究からも証拠が得られそうです。現代の解剖学的なヒトに近づいていた三〇万年前の人類は、気管の先端に位置する喉頭が他の霊長類より低い位置になっていたことがわかっています。この喉頭の位置は食物が食道をより簡単に下るようにしているものの、食物が気管に間違って入ってしまい、他の哺乳動物よりも窒息しやすいというマイナス面があります。しかし、このヒトの特徴には、咽喉の位置、舌の神経支配、洗練された呼吸のしかたなど、人間が出すことができる音の範囲を増加させるのに大きな意義があり、ヒトが言語機能を獲得する上で非常に役立っていたものと推論できます。しかし、このような変化がヒトの卓越した言語機能を生み出す要因として意味を持っていたかについては、意見が分かれています。

遺伝学研究では、あとで詳しく説明するＦＯＸＰ２という「言語の遺伝子」に一〇万年から二〇万年前の間に最終的な遺伝子変異が起き、これが自然選択を受けていたとする証拠を見出しています。これは、言語機能にとって重大な出来事であった可能性があります。そして、現在では、ほとんどの研究者が一〇万年間前ごろに言語が徐々に現れたと考えるようになっています。

考古学的証拠から言語機能に関係するヒトの組織は、それぞれがばらばらに進化してきているようであり、統合的な言語機能を発揮できるようなまとまった形では進化してこなかったことを示しています。つまり、それぞれの機能では個別の選択が進み、言語機能はその総体として付随的に表れたと考えるのが妥当のように見えます。そして、多くの研究者は、美術作品を作ったり、死体を埋葬するようになっていた五万年前頃には、人類は現在のように明確に流暢に話せる言語を完成させていたと想像しています。

### 言語発声と運動機能

そこで、もう少し進んで、ヒトはどうやって言語を話すことができるようになったかという機能的な観点から言語の起源を考えてみましょう。近年、多くの研究者が、脳の運動野の変化が言語機能に重要であると考えるようになりました。私たちは、言語を脳の認識力の問題と考えやすいのですが、「言葉を話す」という機能を重視すれば、発声という運動機能として理解するほうがわかりやすいことに気づきます。針に糸を通すとか、バイオリンを弾くとか、野球選手の選球眼といったすぐれた運動活動と同じように、言語を発するためには、極端に精密でしかも急速な運動の制御を必要とします。喉頭、口、顔、舌、および息の入念な運動は、認識活動と同時に連携して行わなければなりません。それゆえ、研究者たちは、調音のための口と舌のジェスチャーと手の運動のジェスチャーの両方を制御する脳の領域を、言語機能と結びつけて調べています。

ヒトの手話を含むジェスチャーを調べることで、動物同士の交信とヒトの言語の間に、「中間的な行動の表現型」があったと考える研究者がいます。多くの研究者が、動物の発声よりも手や顔のジェスチャーの方が、よりヒトの言語に似ているのではないかと考えています。人間以外の霊長類でも、警報などの「限られた数の簡単なコール」はできますが、言語上の交流ができたり、統合的な言語の質に到達したりはできません。

さらに、他のすべての哺乳動物では、呼吸法も調音も、人間の言語ではたらいている脳の領域とは違う脳領域によって制御されています。サルの解剖学的所見からは、音声学上は人間と同様の会話ができる可能性があるように見えます。しかし、実際問題として、サルは言語表現を使わず、サルの運動機能の方がより多くの柔軟性を持っていて、凝視、口、顔の運動、手足のジェスチャーを使ってお互いの社会的な相互交流をしているのです。

だからといって、動物のコールが交信に重要でないと考えるわけではなく、霊長類のコールが言語の前駆体として、どんなジェスチャーよりも良い候補であると信じている研究者もいます。チンパンジーのコールには、そのジェスチャー同様、概念やものと明白な対応関係を示すような参照的なものはまったくありませんが、その警戒のコールは単語に似ているといえます。とくに、アフリカのダイアナ猿はどんなタイプの動物（ヒョウかワシ）が危害を加えようとしているかわかるように、区別して警報を発することができるといいます。このような発声の仕方は、他のどんな非音声信号よりもより言語に近いとも考えられます。

## ジェスチャーと言語

森の中の動物たちは四方から送られてくる多様な信号に対して目を瞠り、耳を澄ませています。木の枝がガサッと音を立てれば、敵が襲ってきたときのために逃げるか反撃するかしなくてはならないし、草木のにおいに混じって獲物のにおいがすれば、追いかけて捕まえなくてはなりません。雷がなったり風が強くなったりすれば、穴や巣に逃げこまなくてはなりません。

古代の人類も、周りの世界からの多様な信号に耳をそばだてて、目を凝らしていたに違いありません。社会生活を営むようになれば、自然からの信号より人間同士がお互いに発する信号が重要になってきます。たとえば、森のどこかで獲物を見つけ、集団で狩りをするには、ほかの人に獲物の姿や場所を伝える必要もあるでしょう。言語がない時代の伝達の手段として、身振り、あるいは身振り語が重要であるだろうことは容易に想像されます。アフリカの未開地の原住民との対話や、船と船の間での手旗信号、さらには聴覚に障害がある人への手話を考えれば、身振り語がかなり豊かな情報を伝えることができることがわかります。ですから、現代の言語が、身振り語から音声による言語へと進化して成立したと考えるのは妥当であり、魅力的です。

ルソーは『人間不平等起源論』の中で、「身振り語と分節言語」について、「人間の最初の言葉、人間が最も必要とした唯一の言葉、それは自然の叫びである。この叫びは大きな危険が発生したときに援助を求める声であり、激しい苦痛を感じたときにその痛みが和らぐことを願う声であるが、ふつうの生活のときにはあまり役にたたないものであり、人間の観念と交信の必要性が広がると、声の抑揚を増やし、身振りを付け加えるようになった。身振りは声よりも表現力は豊かだったが、相手が見てくれなくては役に立たないので、注意を喚起する叫びを必要とした。そして、やがて身振りの代わりに分節化した音声を記号として用いるようになった」と述べています。

このような考え方に立つと、「身振りと視覚系」から、「発声と聴覚系」にどのように転換したかという点が重要となります。このような転換は突然起きるとは考えられず、むしろ緩やかな変化によって起きたと予想されます。

すなわち、今日の言語は、主に身振りのシステムから進化しはじめ、顔や声の要素が取り入れられ、最終的に音声が支配的な様式となるまでに進化してきたという考え方です。もっとも、現在でも、言語表現に連動したジェスチャーは、言語の一部を構成していると考えるべきであり、言語が音声的機能だけで完成してしまったとは考えていない研究者もいます。

身振りから音声への進化が連続して起きてきたという考え方によれば、言語は「音を発生させるシステム」と見なされるのではなく、「調音のジェスチャーを起こすシステム」と見なされ、唇、軟口蓋、喉頭などのいわゆる調音器官のそれぞれ独立した運動を通して成り立っていると考えられます。

音声は、声帯の振動によって生成された音波（喉頭原音）が声道で共鳴することで形成されます。音声の源となる声帯振動は、会話の時はゴム風船のブーという音と同じ振動数である二〇〇ヘルツ付近であり、この声帯音源が、声道（咽頭喉頭、唇・舌・歯・顎・頬で構成される口腔、さらに鼻腔、副鼻腔などで形成されている）で共鳴することにより特定帯域ごとに倍音が増幅されます。この増幅された成分のピークをフォルマントと呼びます。この音は、さらに口から外部へ放射され、伝搬を経て、われわれが普段耳にしている音声へと変わります。言語を発している人の音声のスペクトルを観察すると、複数のピークが時間的に移動していることがわかり、これをフォルマント遷移といいます。母音の識別には、各フォルマントの周波数が重要であり、子音では明確なフォルマントは観察できません。

また、言語の基本的単位である音素は、音響学的信号として明確な単位を示していないし、また、音響スペクトログラフのように、別々の音素を機械的な録音で識別することは困難です。しかも、特定の音素のフォルマント遷移は、隣接している音素によってまったく異なっている場合があります。

しかし、私たちは非常に高速度で言葉を知覚でき、少なくとも一秒当たり一〇から一五の音素を識別できます。一方で、トーン（音の高低）や雑音などの場合は、比較的簡単な音声単位さえ同じ高速度では知覚することができませんので、言語の認知の基礎はこれとは異なった原則によっていると考えざるを得ません。そこで、ジェスチャーが音声に先立って機能していると考えれば、ある程度納得がいきます。すなわち、言語を生み出すための調音的ジェスチャーが、音声と同じ時間内に重ね合わさることで、高速度での言語の生産と知覚を同時並行的に可能にすることができることになります。

そこで、霊長類が唇や舌や歯で音を立てるときの顔の動きと、人間の言語発声との間の類似性に注目している研究者がいます。唇を使って音を立てるサルの典型的な顔の動きに対応してミラーニューロンが発火し、ものを食べるための口の運動の時にも同じ脳領域の別のミラーニューロンが発火するという観察結果から、ものを食べるときの口の動きは、身振り語から発声へとつながってゆく中間段階としての意味があったかもしれないと思われます。また、顔、とくに口の動きは手話の成分ともなりうるもので、音を発しない口の動かしかたは、言語伝達のうえで、手のジェスチャーの不十分さを補うために発達し、身振り語の一部として音律に相当するものを提供するようになった可能性があります。こうした口の動かしかたが、徐々に手のジェスチャーよりも優位になってゆき、やがて言語が生まれたという仮定に立った進化論のシナリオは妥当性があるように思えます。

## ミラーニューロンとは

ここでミラーニューロンについて簡単に解説をしておきます。ミラーニューロンは、イタリアのパルマ大学のジアコーモ・リゾラッティらによって一九九六年に発見されました。彼らはマカクザルの下前頭皮質に電極を設置し、対象物をつかんだり操作したりする手の運動に特化した神経細胞を研究していました。そして、脳の新皮質のF5野にあるニューロンが、ある一つの運動行動、それは、手の動きで、物をつかんだり、食物を口に運んだりするという行動をコードするように特化していることを発見したのです。さらに驚いたことに、この神経細胞の活動を記録する実験をしていたときに、実験者がたまたま何か物をつかんだときに、マカクザルは自分が物をつかんでいるわけではないのにもかかわらず、同じニューロンが活動することを発見したのです。その後、さらに実験を重ねて、サルの下前頭皮質と下頭頂皮質の約一〇％のニューロンが、自身の手の動きと、観察した他者の同じ動きの両方で同じ反応を示すことがわかりました。これらのニューロンは、鏡のような能力を持っているということで、ミラーニューロンと命名されました。面白いことに、別の猿や人間が同じ動作をしても、その目標が達成されないような場合（たとえば、物を握るふりをしたような場合）は、このニューロンは活性化されないのです。最近になって、機能的核磁気共鳴画像法、経頭蓋磁気刺激法、脳波計や行動実験によって、ヒトにおいても実際の行動とその観察との両方に反応するミラーシステムは存在し、そのようなヒトの脳領域とマカクザルで発見された領域には類似があると考えられるようになりました。

## 手の運動と口の運動との連携

手による身振りと口による発声の関係についての最新の実証的証拠は、言語発声はそれ自体がジェスチャーであるだけではなく、猿と人間のどちらでも、手と口の間には本来的な連結があることを示しています。猿のミラーシステムが、この口と腕の動作を結びつけていることはよく知られていることです。

これは、口と顔の統合したジェスチャーのシステムを形成するために、手を動かすシステムに、口のジェスチャーが新たに加わったことを意味します。これまで、ミラーシステムは、手と口の動作のために働いていることがわかっていますし、手と口の前運動野の皮質の神経細胞は解剖学的に近傍に位置しているので、両者が共通の標的に向かって働いていると推測されています。

動物は、主に手と口を使って食物を食べるので、手と口の連動した行動の意味を視覚からの分析によって抽出することは生存にとって非常に重要です。サルには前運動野のF5領域に、手か口のどちらかで物をつかむとき反応するニューロンがあり、ヒトにも同様のニューロンがあります。サルの脳内では対象物をつかんでいる間に、同時に口をあけるような課題が指令されており、口の開き方の大きさはつかんでいる物の大きさに依存して大きくなります。逆にサルが口で物をくわえている間に指を広げるときは、物の大きさにしたがって指の広げかたの大きさが変わります。手で物をつかむ動作をするのを観察したとき、あるいは、手か口のどちらかで物をつかむ動作をしたとき、F5領域に接続される頭頂葉皮質のミラーニューロンで発火が起きます。言語発声の進化においては、ミラーシステムにもとづいたこのようなメカニズムが、手の動きから口の動きへの転換の手段になったかもしれないのです。

手が物をつかんだり、それを観測したりするときには、異なった大きさの物を握る手の形にしたがって物をくわえる口の形を変えることになり、これは結果として、音声に影響を与えます。また、口へ物を持ってくる動作、あるいはその観測は、口の内部の咀嚼や飲み込むといった運動を誘導します。この場合も持ってこようとする物の大きさにしたがって、舌の位置取りに影響し、結果として舌の位置に関連した音声に変化を与えます。

これらの観察結果をまとめて考えると、言語機能の進化のはじめの段階では、食物を口にくわえるとか、口に持ってくるといった動作の意味に関連した交信の信号が、あとで言語発生につながるような口の特定の調音器官の運動能力と関連づけられて進化してきたのだろうと推定できます。

　これは子供の言語発声の発達の道筋と似ているかもしれません。幼児の初期の言語発声の発達と、ジェスチャーや手の運動については、いくつかの局面でお互いに厳密な関係があります。手のジェスチャーは、幼児の言語の初期の発達より前に起こり、六～八カ月までの幼児の繰り返す片言は、リズミカルな手の運動を伴っています。八～一〇カ月の幼児の言語の編集と一一～一三カ月の言語の生産は、指示と認識のジェスチャーを伴っています。ここでもミラーニューロンが働いていると考えられます。

　では、幼児はいつごろからミラーニューロンシステムを通して、他の人々の動作を理解できるようになるのでしょうか。最近の研究では、この動作知覚を行うシステムは六カ月の幼児ではまだ完成していませんが、一二カ月の幼児ではできあがっていることが観測されています。このシステムが起動するには、相手の手と目的物との相互作用を観測することが必要です。

　ミラーニューロンは、自分の動作と自分が見た他人の動作に同等に反応するので、学習の中で最も不可思議と思われる模倣という行動に関与していると思われています。さらに、ある特定の視覚刺激に対応してどんな筋収縮のパターンが起きるかを知るうえでも、ミラーニューロンは重要なかかわりがあると思われます。他人の表情を模倣するために何時間も鏡の前で費やしたりする必要はなく、知覚情報と動作を速やかに連結する働きをもっているのです。
また、ミラーニューロンは、私たちの複雑な知覚刺激の認識と記憶を容易に結び付けることができます。たとえば、ダンスステップの順序を覚えるのに、手足を動かすために脳が送る指令という形で記憶させておくより、手足の運動が起こした小さい可視的変化をすべて覚えておくことのほうがより簡単かもしれません。このようなミラーニューロンの機能は、模倣を促進する能力とは切り離せないように思えます。実際、映画でカーチェイスを見ているときに、思わず自分がハンドルを握っている感覚になってブレーキをかける動作を取ったりするのはよくあることです。日本語の「学ぶ」は、「まねぶ」、つまり、まねするという意味だといいますが、当を得た言葉なのです。

行動の観点から考えてみると、発声と手のジェスチャーは交信の信号であり、お互いに同調し、両者は一つの統合したシステムを形成しているといえます。実際に実験してみると、単語の意味と対応するようなジェスチャーを同時に実行すると、単語だけを発声したときより、音声の波形や周波数分析されたスペクトルの増加が認められます。しかし、ジェスチャーが言語の意味と無関係であったときには、その増加は観測されませんでした。逆に、単語を発音すると同時に、同じ意味を示すようなジェスチャーを行なうと、その行為は抑制を受けました。しかし、関係ない単語が発音されたときには、そのような抑制現象はおきません。このような観察結果は、言語とジェスチャーが連動し、統合したものであることを裏づけるものです。

音声の増加と手の運動の抑制が対応して起きるということは、言語とジェスチャーがいくつかの局面で密接に相互作用するためと解釈することができます。また、最近の神経画像法と反復性の経頭蓋磁気刺激のデータでは、言語とジェスチャーの両方に関与しているシステムが脳のブローカ野に位置していることがわかっています。

このように、身振りと言語機能との関係に注目すると、手の運動と口の運動との連携は、初めは、口の摂食運動や食物を口にくわえこむ運動、手で物を口に持って来る運動などが連結する行為として確立していたのですが、これが後に、発声という交信へと適応し、言語機能へと進化してきたと考えるのが妥当のように思えます。

## 言語発声と運動機能の神経基盤

ヒトの言語機能の基盤は、脳の中の運動にかかわる基底神経節と、皮質下構造のサーキットが接続することで出来上がったと推測されています。脳の基底神経節が「配列エンジン」となって言語と運動を統合していると考えられます。その証拠に、基底神経節を混乱させるパーキンソン病の患者は構文の能力に欠けていて、体のバランスと動きに関する欠陥を併せ持っています。

パーキンソン病の患者は、規則動詞を使用するときに、不規則動詞を使用するよりも、より大きな負荷がかかることがわかりました。それは、たとえば、「walk」などの規則動詞を活用するときには、過去時制では「walked」として使うために、お互いを比較して関連付ける作業が余分にかかることになります。それに対して、「come」などの不規則動詞では、過去時制の「came」を検索するのに、単に別の単語としての長期記憶を呼び起こせばよいので、関連づける作業をしなくても対応できるというように説明できます。

実際、調音、言葉を聞くこと、言語を計画して作ることと、記憶することといった総合的な言語機能に対応するためには、基底神経節以外にも他のいくつかの脳の領域が必要であることは間違いありません。しかし、言語発声と運動能力という点だけに注目すれば、基底神経節にとくに強い関係があることを示すたくさんの証拠があります。たとえば、あるウイルスに感染したため、首から下のすべての触感を失った男性のケースでは、なくなってしまった感覚を代替するのに、認知力と視覚のフィードバックを使用して最も簡単な運動を学び直さなければなりません。しかし、彼自身と聞き手の間にスクリーンを置いて視点が遮られる状況でも、彼が話をするときには自動的に身振りを示し続けてしまいます。これはあたかも電話をかけている人が、話が通じないときに思わず身振りをまじえてしまうのに似ています。

このことから、手の動きが正確な言語の調音機能につながっているといえますし、ジェスチャーは言語の跡を示す行動上の化石ではなく、言語になくてはならない部分だと考えることができます。しかし、たとえば、ものを投げるという運動を組織化する場合には規則的で不変の順序にしたがって目的を遂げるようになっていて、構文を作る時のように概念構造によって決定される非常に可塑的な要求に合わせて組織化する場合とは、かなり違うように思われます。そこで、まだ言語学者の多くは、運動器官は筋肉運動のためのものであって、言語生産のパイプラインの最後にあるものであり、脳が構文を発達させるのに役だっていたとは信じてないようです。

## ヒト以外の動物の言語機能としての音声発信

チョムスキーは「人間の言語の研究は、人間の本質である精神という、まさに人間に特有の資質にアプローチすることになる」といっています。私たち人間は地球上で唯一言語表現ができる生物種であり、この特異的な能力がどう進化したかは、何世紀もの間、哲学者と科学者を魅了している課題ですが、そのほとんどがパズルのままで残っています。

しかし、これまで紹介してきた言語発声の生命科学研究からは、言語と関係すると思われる脳の構造や運動機能がヒトにのみ認められるような特徴ではなく、他の動物とも共通性を持っているものだと思えるようになります。

## 多くの動物は「歌」で交信する

他の動物でも、人の話す言語のようなものではなくとも、お互いに交信をするための多様な手段を持っています。

一般に、簡潔な音声は危険を警告するか、または攻撃的な敵対者との遭遇を知らせるために使われていますが、いくつかの動物種では、しばしば「歌」といってもよいような「長いひと続きの発声」をします。

たとえば、多くの昆虫や両生類は、「歌」で彼らの存在とアイデンティティを示そうとします。このような歌は求愛行動の一部として用いられていると考えられています。また、種によっては、周波数を増減させるような音、舌打ちをするようなクリックと呼ばれる音、あるいは駄々をこねるような音を組み合わせて歌を歌いますが、この発声の間に無音の間隔をはさむことでもっと複雑な「楽句」を形成し、この楽句を何度も繰り返して歌を歌うような場合もあります。

この発声、繰り返し方、および繰り返し数は、動物種で独特なものになっていますが、多くの鳥ではあとで詳しく述べるように、より複雑で高度な歌を歌い、また聴くことができます。

また、いくつかの哺乳動物でもクジラやイルカ、コウモリなどでは、鳥と同じくらい複雑な楽句で組織化された複数のタイプの歌を発生させてお互いに交信しているといいます。

## 多くの動物が交信に超音波を使う

脊椎動物では、コウモリ、クジラ類および一部の齧歯類では、仲間どうしの交信を行うために周波数二〇キロヘルツ以上の超音波を発生し、それを感知する能力をもっています。コウモリやクジラ類は、音声交信に用いる周波数帯域の混雑をできるだけ少なくし、また暗所での狩りの効率を向上させるために、超音波聴取能力が進化してきたとされています。

この超音波感知能力は哺乳類に限られていて、両生類、爬虫類、鳥類の聴力は概して貧弱で、約一二キロヘルツ以下の音を発生したり感知したりする能力しかないと考えられてきました。しかし、最近、中国の研究者から、中国の山中の急流にすむカエルが超音波で交信を行っている証拠が報告されています。このカエルのオスは、顕著な周波数変化を伴う超音波帯域のスペクトルを含んでいる鳥の歌のようなさまざまな鳴き方をします。このカエルは速い川の流れの近くに生息するため、通常の音声発信では発声が川の大きな音で遮られてしまうので、超音波を用いていると考えられます。そこで、カエルの生息地での音声再生実験を行ったところ、このカエルは可聴音波成分と超音波成分の両方で音声応答をしていること、中脳の音声処理中枢からの電気生理学的記録でも超音波聴取能力を持つことが確かめられています。

別の急流カエルでは、超音波による音声交信がカエルの生殖行動の上で決定的な役割を果たしています。オスは超音波発声でメスを呼び寄せ、メスはこの求愛の間には、弱い呼びかけやクリック音を出していて、この場合も川の急流の騒がしい音があっても、お互いを探し出して交尾することができるのです。

## マウスも超音波で歌を歌っている

マウスやラットのような齧歯動物ではさまざまな社会的な発声で情報交換を行っています。産後の発声や救難連絡の発声は人間にも聞きとれる発声を含んでいますが、そのほかの交信は主として超音波発声で行っています。マウスの超音波発声は三〇キロヘルツより高い音域を使っているので直接人間の耳では検出できません。多くの研究から、マウスは、少なくとも二つの状況において超音波発声を起こすことがわかってきました。オスがメスの面前でメスの尿フェロモンを検出したときと、子供のマウスが寒い時や、巣から離れてしまったときに発する「孤立の呼び出し」の発声です。これらのマウスの超音波発声の情報は、その量と狭い頻度をともに測定できる探知器を考案して録音することにより解析が可能となりました。

超音波発声のさらに詳しい音響学的解析から、マウスの発声は音声学的に特徴をもった発声であり、一連の明確な発話を組み合わせて構成されていることや、仔マウスの発達段階における発声の違いなども観察されており、楽句とモチーフで構成された複数の音節タイプを含んでいて、これまで予期していなかった豊かな表現をしていることがわかってきました。したがって、マウスの発声は「歌」の特性をもっているといえます。遺伝学的に同じオスマウスの間でも、個体それぞれの歌の音節用法と時間の構造に、わずかながらも重要な差異があることもわかり、マウスの間の交信は、以前に考えられていた以上に複雑であるといえます。

このような研究では、発声と言語表現の間の違いをよく理解しておくことが重要です。言語機能には、情報を伝搬するだけでなく、それを処理する認知体系もかかわっています。このシステムの一つの部品が言語発声であり、言語発声では言語情報の調音が重要なポイントとなりますし、新しい音声を作り出すためには、正確で急速な舌と発声、呼吸などのための筋組織の複雑で連続した運動を調整することを学ばなくてはなりません。それゆえ、言語機能は、発声のための必要な要素が適応を重ねてきたことが前提となって進化してきたものとも考えられます。

## 鳥の歌と言語

現在、世界中にはおよそ一万種の鳥類が生息しているといいますが、そのうちおよそ半分がスズメ目に含まれています。スズメ目の特徴は、さえずるための器官である鳴管が発達していることであり、スズメ亜目（鳴禽類）はさえずる鳥が多く、カラス、ウグイス、スズメなど約四〇〇〇種を含み、世界中に分布しています。

ほかの動物たちの音声発信を中心とする言語機能と比べると、鳥類、とくに鳴鳥のさえずりは、ヒトの言語機能と対比できるようなきわめて高度な機能を備えていて、ヒトの言語機能の理解のためのモデルとして研究が進んでいます。そこで、鳥の歌と言語については少し詳しく紹介します。

### 鳥の歌は記憶と学習のよいモデル

記憶は最も重要な人間の認識能力の一つです。一般的に、哺乳動物は鳥よりも人間に近いという進化論的な考え方のために、記憶の神経機構の分析には哺乳類とくに霊長類のほうが参考になると考えられています。しかし、最近の研究から、進化的にかなり離れていると思われる鳥類と哺乳類の脳はより近い関係にあることが目立つようになってきました。鳥の脳は、哺乳類の脳の原始的な形ではなく、それ自体複雑であるとともに、多くの点で哺乳動物と似た構造を持っています。さらに、鳥は、霊長類に匹敵するような認識能力を持っているのではないかと考えられるようになりました。したがって、哺乳動物と鳥の学習と記憶の神経機構を比較研究することは、脳と認識の進化に関する重要な証拠を提供することになるでしょう。とくに、鳥の歌の学習は人間の言語獲得に似た性格を持っていて、この点では、霊長類と比べても、最もヒトに近い動物であるかもしれません。

多くの鳴鳥では、メスがコールを発するだけなのに対して、オスは歌を歌います。オスの鳴鳥は、若いときに大人のオス、多くの場合は親鳥を家庭教師として歌を学習します。この若い鳴鳥の歌の学習には二つの相があります。まず、記憶相では、若い鳥が感受性を持つ時期に家庭教師の歌声の情報が長期記憶として保存され、その後に続く感覚運動相でも保存され、若い鳥が自分自身の歌を歌い始めるときに、この記憶していた情報と自分の歌とを比較するために使います。

歌を記憶するために重要な点は、基本的に歌の代表例となるような中心的な表現となるような鋳型があることです。もし、若い鳴鳥が自分と同じ種族の歌と、別の種族の鳥の歌の録音を等しい回数聴かされたとすると、大人の歌を歌おうとする時に、彼らは生理的機能のうえからは別の種族の歌を歌うこともできるのですが、その歌は主に自分の種族の歌のコピーで構成されたものになります。つまり、鳥が歌を学習するときには、若い鳴鳥は歌を聴く前にすでにある大まかな鋳型となるものをもっていると想定されます。若い鳥は、この鋳型の特徴に合うような歌を記憶でき、合わない歌は記憶することを拒絶するのです。そして、鳥自体が歌い始めたばかりのときの歌(「副歌」といいますが)は、まだ鋳型の枠にはめられていなくて、家庭教師の歌にもよく似てはいないのです。しかし、つぎの感覚運動相になると、鳥は自身の発声を鋳型に合わせてゆき、最終的にはよくできた大人の歌を歌うようになります。多くの鳴鳥は、種類によって「年齢制限をもつ学習者」と、「終わりのない学習者」に大別されます。シマウマフィンチなどは、一度学習した歌は成年期を通してずっと変更することがありませんが、カナリアなどは、いつも新しい繁殖期に備えて新しい歌へと変更を行い続けることができるのです。

## 鳴鳥の脳の「歌システム」

鳴鳥の脳の神経解剖学的研究や脳神経系への障害実験などから、鳴鳥の脳には、歌の学習と記憶に関わる「歌システム」と呼ばれる特異的な領域があることがわかってきました。例外はありますが、歌システムの特徴をあげると以下のようになります。

第一に、鳴鳥は、歌を学習する必要があるため、歌の学習をしない非鳴鳥とは神経解剖学的に異なった脳組織構造があり、これが「歌システム」です。そして第二に、鳴鳥の多くの種で、歌を学習するオス鳥では、「歌システム」の脳組織の核が、歌の学習を必要としないメスの鳥より大きいことがわかっています。第三に、いくつかの異なる種族のオス鳥では、「歌システム」の脳組織の核の容量は季節によって変動し、交尾期である春にはそうでない秋や冬より大きくなります。第四に、歌や音節レパートリーのような歌の単位の数の大小と歌システムの脳組織の核の大きさとに相関性があります。

鳴鳥はこの可塑性があるため、季節や状況に対応していろいろな種類の歌を歌うことができるのです。その後の研究から、歌システムの核の容量の季節変動は、歌の核の高次発声中枢とRAに起きていること、季節の形態学的な変動を見せる高次発声中枢とRAには永久的なニューロン集団が局在していることが示されました。一方、野外観察の結果から、カナリアは、自然な条件のもとでは、季節に応じて高次発声中枢とRAの容量のような形態的に著しい脳の変化をすることがなくても、歌のレパートリーを変えることができることがわかりました。野生のカナリアでは、二五％の音節が季節に応じて歌われ、それ以外の歌は年間を通して歌われています。オス鳥は、繁殖期には速い頻度で調節された音節を持つ歌を歌い、このような音節はメスには性的に魅力的であることが知られています。一度目の繁殖期のあと、この歌は歌われなくなり、次の繁殖期でもう一度歌われます。

また、別の鳴鳥である赤褐色のトウヒチョウは、歌に明白な変動はありませんが、歌システムの核の容量の季節的変動は起こしています。アフリカの低木モズは、オスとメス両方とも同じように複雑な歌を歌いますが、歌システムの核の容量には顕著な性差があります。このように、歌の学習のための歌システムの形態学的性差は多様性があり、その意味はまだはっきりしていません。

## 鳥の歌とミラーニューロン

歌を学習する鳥はものまねの王様といえるでしょう。実際、ナイチンゲールは数回聞いただけで、六〇種類の歌をまねることができるといいます。では、鳴鳥のものまねはどのような意味があるのでしょうか。若い鳥は種に特有な歌をこのものまねを通して学んでいるのですが、これは鳥が社会生活を営むうえで必要な能力なのです。それは、鳥が住んでいる地域に、他から侵入してきた別の鳥が似た歌を歌ったときに反応してしまうと、侵入者を同じ集団と見なして受け入れてしまうことになるからです。このような鳥の歌のものまねのしかた、またお互いの通信のありかたはどのような脳や神経系の働きによっているのでしょうか。

最近、この働きに関係するある種のニューロンが特定されました。このニューロンは、歌を聴いたときと、それと同じ歌を歌って返答するときと、どちらにも反応をするのです。このようなニューロンの機能を考えると、すぐにサルの脳で発見されたミラーニューロンが想定されます。

鳴鳥のミラーニューロンが持つと予想される機能は、すべて歌に関連しています。歌を作るのに働くと考えられている脳の主要な核で、高次発声中枢とよばれる場所に、このニューロンは、位置しています。このニューロンは高次発声中枢にある他のニューロンと同様に、特定の歌の神経インパルスに対してストレートに反応します。しかし、奇妙なことに、このニューロンは自分が鳴いているときには自身の聴覚入力には反応しないのです。このことは、このニューロンが、聞こえている状態とそれに反応する状態の転換に働いていることを意味しています。

高次発声中枢は脳の前運動野であり、発声に応じた神経インパルスは、その音が聞こえるよりかなり前に発生していますので、聴覚入力に対するニューロンの応答は、それより後に起きると予想されます。しかし、高次発声中枢のミラーニューロンの神経インパルスは、鳥が歌を歌うときと、歌を聴くときとで、どちらでも同じタイミングで発生していたのです。これは、発声という運動の信号を著しく遅らせて、聴覚入力に対する応答にタイミングを合わせていると予想され、この遅れの調整は、ミラーニューロンが随伴発射の機能を持っていることを意味しています。

この随伴発射はどんな働きをしているのでしょうか。ミラーニューロンの投射の行き先を調べると、高次発声中枢は、二つの出力があることがわかりました。一つは、歌を歌う運動系経路を下って発声器官へ向かうものであり、もう一つは、歌の学習に必要ではあるが、歌を歌うには必要でない前脳経路に向かうものでした。前脳経路へ投射したミラーニューロンは、前脳経路で歌のパターンを変動させて歌の学習をしている間に、運動発声系の訓練をしていると思われます。

前脳経路へ送付される随伴発射は、第一に、聴くことと歌うこと二つへの応答を同期化させることで、歌の調律を可能にします。鳥は、歌を歌っている間に、歌の発生中枢からの随伴発射によって、自分の歌う歌からの聴覚フィードバックとの比較をすることができ、これによって自分の歌の調律が可能になります。第二に、周辺の他の鳥の歌を聴いて、それを模倣しているときは、ミラーニューロンは随伴発射と類似したパターンを前脳経路へ送っていると考えられます。そして、前脳経路がその歌を認識することにより、他の鳥の歌を効果的な仕組みで特定化することができるのです。

第三に、ミラーニューロンは、鳥が親の歌を段階的にまねて覚える過程にも必要だと思われます。若い鳥は、自分が歌っているときの随伴発射と、親の歌に対するミラーニューロンの応答の記憶とを比較することで、歌のまねをゆっくりと改善しながらうまくなるようにしているのかもしれません。

　このように、鳴鳥が学習によって対象の元歌をまねてゆくときの知覚、調律、模倣という活動を、ミラーニューロンの活動を追跡することによって理解する道が開かれてきました。これは、人が一つの動作を実行した場合や、その動作を見たり聞いたりした場合でも、同じように応答できる神経の仕組みがある可能性を予測させ、最初に発生する応答や、二つの応答が収束して一つの共通した神経表現に至る過程でのニューロンの働きを調べることによって、その解明ができるようになるかもしれません。

## 鳥は再帰的文法の構造を持つ歌を歌える

　言語学では、「再帰」、または「自己埋め込み」がヒトの言語の特徴的なものであると考えています。たとえば、「XはYを知っている」という文を基本形（AB）として、XとYになどに別の言語を埋め込むことで、同じ基本形のまま別の文（AB、AABB、AAABBBのように）を作ることができます。たとえば、「太郎（X）は愛がすべてを征服する（Y）ことを知っている」のようにもなりますし、XとYを入れ替えて「YはXを知っている」という文にすることもできます。さらには、「花子（X）は太郎（X）は愛がすべてを征服すること（Y）を知っていること（Y）を知っている」のように繰り返した構文とすることも可能です。英語などの言語では、関係代名詞などを使えば、この基本形のままより複雑な文を構築することができますので、結果としてごく単純な構文でも無限の文を作り出すことが可能となります。このような再帰、または自己埋め込み型の言語がヒトの言語のもっとも重要な特質であり、ほかの動物には見られない特質であると考えられてきました。実際、ある種のサルを訓練しても、AAABBB と ABABAB のような言語を区別できないという研究結果が報告されています。

しかし、最近の研究で、ヨーロッパのムクドリを訓練すれば、AAABBB 言語などの複雑な再帰的な文法を習得することができるようになるという報告があります。ムクドリが歌を歌う時、ガラガラという音と、いわゆるさえずり音とを発生しますが、これを AAABBB の基本形として、ABABAB と区別できるかどうかを、AAABBB に対応してバーを押せば報酬を与え、ABABAB の場合には報酬を与えないという差別化により、一万回から一〇万回もの膨大な訓練を施します。このような訓練を行うと、一一羽の鳥のうち九羽が、二つの文法を確実に区別することができるようになりました。このように大規模な訓練の比較の結果、ムクドリは学習した後天的な文法を確実なものにすることができたわけで、再帰性を認識する能力は人間だけであるというこれまでの考え方を覆す研究結果として注目されます。

ほかの動物が再帰性を獲得できるとしても、再帰性についての人間の能力や容量はとてつもなく大きなものに見えます。人間は、再帰に気づくのが迅速であり、明白な補強なしでそうすることができます。おそらく最も重要な点は、人間は再帰的な構造を広く応用することができる点です。ムクドリはこれまでのところ、身近な音の新しい系列だけにAABBを広げることができるだけですが、人間はいったんAABBとAAABBBのパターンを認めると、新しいボキャブラリーをつかうことで、たとえば、CCCDDD、EEEFFFのように、そのパターンを広げることができるのです。

## より正確に歌を学ぶために

鳴鳥は、周りが騒がしい場所では、手本の歌を正確にまねるために、自分の出す声と、周囲の騒音とを区別して聞きとらなくてはなりません。

このため、鳴鳥はヒトと同じように発声の誤りを検知できる脳内機構を備えていると考えられてきました。最近、鳥の前脳聴覚野に、自身のさえずりや、このさえずりの再生音の乱れに特異的に応答するニューロンがあることがわかりました。これは、発声模倣学習の基盤として古くから想定されていたモデルを裏づけているものといえます。

われわれがカラオケなどで歌を歌うとき、音程を外さないように修正をしながら歌いますが、その時々で出来栄えが違いますし、職業的な歌手でも、その時々に少なからず歌に変動があるのはやむをえないことです。

最近、このような変動は歌の試行錯誤学習を可能にし、より正確に歌を歌えることを選択的に保持する要因として重要なのではないかという知見が得られています。

コンピューターを使ったシステムを用いて、対象とする歌成分のピッチ（音の高低）にみられる微小な自然変動を記録し、それらの変動の一部の音を破壊して鳥に聞かせます。すると、鳥は音の破壊を避けるために、適応的な様式で発声ピッチを即座に変化させたのです。しかも、それは、破壊対象とした歌成分だけに正確に限られていました。したがって、鳥は自身の発声における微小な変動を、差異のある結果と結びつけることにより、効果的に学習していたと考えられます。

会話や音楽の演奏では、速度が速くても遅くても反応することができます。これらさまざまな時系列的構造が階層的に組み立てられたものを、脳がどのようにして理解できるのかはよくわかっていませんが、このような問題についても、鳥の歌のモデルで実験的な検証が試みられています。

鳥の脳の高次発声中枢だけを冷却すると、歌を歌う速度がすべての時間経過にわたっておよそ半分にまで低下してしまうことがわかりました。しかし、音響的な構造にはわずかな変化しか起きず、しかも、高次発声中枢の下流の運動核を冷却しても、歌の音響構造的タイミングには目立った影響はありませんでした。この結果は、歌の音響構造的タイミングを決めているのは高次発声中枢であり、その中の神経が機能的に連動することで時系列制御を行っていることになります。今後、このような鳥の歌の解析は、行動の実行のタイミングを制御する神経回路の同定や、脳の神経活動の動態の起源や役割についての研究に広く適用されてゆくでしょう。

## 鳥の聴覚にもミラーニューロンがある？

交信をするためには、あることを表現するのに用いる感覚コードと運動コードの間の対応を、脳機構として築かなくてはなりません。もっとも単純な考え方は、その対応が単一ニューロン系のレベルで築かれている場合です。個体がある特定の仕草を行ったとき、もしくは他の個体が同じような仕草をするのを見たときに活動するミラーニューロンは視覚コードと運動コードに対応したものとして、この範疇に適合したものと言えるでしょう。音声交信においても、聴覚と発声の間に正確な対応を示すニューロンが役立っている可能性が考えられましたが、そうしたニューロンはこれまで見つかっていませんでした。しかし、ヌマウタスズメという鳴鳥の歌の研究から、この鳥の前脳内の一群のニューロンが正確な聴音と発声の対応に働いていることを示す結果が報告されました。

これらのニューロンは、この鳴鳥のさえずり中の特定の音列を聴かせた場合にも、他の鳥のさえずり中の似た音列に対しても、時系列的に正確な応答を示します。鳥自身がこれと同じ音列をさえずる際にも、これらのニューロンはほぼ同一の活動パターンを示し、聴覚フィードバックを妨害しても、さえずりに関連するこの活動は変化しないので、この活動は本質的に運動系であると考えられました。また、これらのニューロンはさえずり学習に重要な線条体構造に投射しており、これらのニューロンにみられるさえずり関連活動は、音声学習を導く聴覚フィードバックと対比処理されている可能性があります。

## 鳥の歌の観察から「文化の継承」を探る

文化は一般的に、社会的学習を通じて後成的に受け継がれる形質からなると見なされています。しかしながら、文化の多様性には種に特有の制約があり、その起源はおそらく遺伝的要因にあるという考え方もあります。ヒトの言語においては、チョムスキーのいう「普遍文法」が、構文の多様化を制約しているという見解は有名でもあり、また異論もあるところですが、これに相当する考え方です。

このような議論は、あまりに大きくて議論上の問題に終わってしまいがちですが、何らかの実証的な研究はできないのでしょうか。鳥の歌の学習を材料とすればこのような課題に実験的に取り組める可能性があります。

スズメなどの鳴鳥の歌の学習は、限定的な「文化の継承」を研究するうえで生物学的に取り扱いやすいモデルとなります。それは、地域による歌の違い、つまり言語でいえば「方言」があることになります。

また、種が異なれば、歌の特性、つまり「文化」も異なっていることから、「文化」には遺伝的な制約が存在していると考えることができます。もし、そのような遺伝的制約がまったくないとすれば、複数世代を経たり、地理的に離れたりすると、革新的な変化が生じたり、複製のエラーによって無限の変形した歌が生じるはずですが、実際にはそのようなことは観察されていません。

そこで、この文化の継承とも言うべき事象について、ある隔離した個体を創始者とするキンカチョウの隔離コロニーで、複数世代を経て野生型の歌文化が生じるかどうか、また、もし生じるのであれば、どのような形で生じるのか、そしてその変化にはどのような種類の社会的な環境が必要なのかを確かめるための実験が行なわれました。

成長中に歌の学習のモデルとなるような雄のさえずりを一切聞いていないように隔離されて成長したキンカチョウ個体は、一般的な飼育下や自然のコロニーでみられるような野生型の歌とは異なる特徴をもった歌をさえずることになります。そこで、この隔離個体が創始者となって、代々教師役を受け継いで新たな歌の鋳型を教えてゆく過程で、二つの異なる社会的環境にさらします。すなわち、教師と教育を受ける生徒のペアを、一つは外部の音を遮断した部屋に隔離した場合、もうひとつは半自然的な状態に置いた場合とで、教師役の世代間での歌の定量的な変化を測定したのです。

すると、どちらの環境でも、生徒である若鳥は隔離されている教師個体の歌を真似したのですが、その後、歌のいくつかの特徴を変化させることがわかりました。そして、これらの変化は学習の世代を経るとともに蓄積されてゆき、結果として、歌は三世代から四世代目には、野生型に進化してしまうことがわかりました。つまり、種に特有な歌の文化は、自然状態で野生型の歌を学習しなくても、まったく新規に出現してしまったのです。

この研究結果によれば、歌は遺伝的にある程度コードされていると考えるのが妥当です。

## 言語遺伝子の発見

### 言語障害を持つイギリスの家系

イギリスのエジンバラに住むKE家系と呼ばれる家系には、言語障害を持つ人が多発していることがわかりました。そしてこの家系の人々が医学的研究に協力したため、言語障害の遺伝的な原因の研究が大きく進みました。

この家系では、三世代にわたる三七人のうち、一五人が言語障害に苦しんでいたのです。K

Ｅ家系は最初、発育過程での言語の統合運動障害（言語に必要な協調運動能力が失われている）として一九九〇年ごろに報告が行われ、注目を集めるようになりました。

また、読解力よりも、明瞭な言語発声を行うのに必要な高速運動の組織化に欠陥があると説明されましたが、一方で、手足の運動に影響する神経学的な欠陥や聴力の欠陥はまったくなく、幼児の間に食べたり飲み込んだりすることも正常でした。

その後、時制、数、性などを規定する英文法の規則を使用できないことを特徴とする発語障害をもち、言語の読解力に問題がある不全失語症と判定されるようになりました。さらに、これが文法の理解に欠陥があるというより、音韻論と言語生産システムに由来した障害であり、言語にとくに選択性がない全面的な言語障害と分類されました。ただし、このような診断では、この言語障害の本体的な機能や原因を明確にすることはできませんでした。

さて、言語は膨大な多様性を持ち、その表現力も人によって違うので、この家系での言語障害の表面上の違いが、ほんとうに言語機能上の量的指標の違いとしてわかるかどうかが問題になります。

そこで、その後は、確かな違いがある言語行動の表現型の詳しい分析をして、その原因となる脳の機能的解剖学的違いを明らかにする立場と、この障害が遺伝形質の違いかどうかを、原因遺伝子を突き止めることで知ろうとする立場から、二つの方向で研究が行われました。

## ＫＥ家系の言語障害とはどのようなものか

まず、言語行動の表現型の研究について述べましょう。発音、文法、意味論、言語のＩＱ、非言語的なＩＱなどを含むさまざまなテストを行った結果、この家系の言語障害を持つ人は、健常者のグループと比べて平均的に大きい欠陥が認められ、その障害は言語の理解力というよりは、言語生産の手段にあると判定されました。ただし、このテストの多くで、二つのグループの間にはかなりのオーバーラップがあって明確な結論には至りませんでした。

単語を反復する課題では、単音節の単語と比べて多音節の単語を再生させようとするときに、より大きな欠陥が認められます。そこで、この言語障害の主たる欠陥は、言語表現において必要となる口腔顔面運動不全か、統合運動障害であると予想されました。

しかし、彼らは、非常に高度な運動能力を必要とするタイプライターの操作や楽器の演奏など、指と手の協調やタイミングを必要とする動きについてはまったく欠陥を示さなかったのです。

その後、この家系の言語障害の様式に認められた言語と口腔顔面統合運動の障害は、成人に発症するブローカ野の言語障害に見られる失語症ときわめて類似していることがわかりました。失語症の人とＫＥファミリーの言語障害を示す人は、過去時制、さらには、意味のある単語か無意味な単語かにかかわらず、言語の屈折と派生の形態変化などの文法的言語能力のテストでは、形態論的操作の欠陥などで同じ欠陥を示し、その発症年齢や言語の意味論とは関係ありませんでした。

しかし、両者には重要な違いもありました。単語を反復する課題において、ＫＥファミリーの言語障害では、意味のある単語と、意味のない単語（非単語）両方に同じように欠陥が認められるのに対し、失語症の人では、発症する前に発音のために必要となる調音パターンを学んでいるので、非単語の反復のときだけはっきりとした障害が現れるのです。ＫＥファミリーの言語障害者は、意味論や音素のテスト、流暢に文章を書くことでは失語症の人より優っていて、これらの能力は発達障害によって起きた単語検索の困難さの代償として発育過程で獲得したものと考えられます。

## 言語障害の原因を神経科学的に探る

ＫＥファミリーの言語障害の神経科学的基盤は、構造的ＭＲＩ解析と機能的ＭＲＩ解析を組み合わせて分析することでさらにはっきりしてきました。これらの分析では、言語機能と対応する機能的な脳の場所を特定し、神経病理学上の基礎的情報を得ることができます。ＫＥ家系の言語障害を持つ人に三次元ＭＲＩスキャンという新しい分析法を導入すると、この異常の個所を探し出すことができ、運動系の複数の構成要素が神経病理学的に関与していると推定されました。すなわち、この障害は脳の左右に病理学的欠陥があると考えられ、神経発生における言語機能に関係する大脳対側半球の反対側の相同領域への再編成が起こる段階に異常が起きていると予想されました。しかし、言語機能をまったく失ってしまうのではなく、基本的な言語機能は残したままで一部の機能を失うような変化を生じていたのだと考えられました。

またPETを用いた分析から、言語障害を持つ人は持たない人と比べて両側の尾状核の容量がおよそ二五％減少していることが確認されました。そのうえ、言語障害を持つ人の間でも、尾状核の容量は、言語機能テストでわかった障害の程度とかなり良い相関を示したのです。また、機能神経画像からも形態学的な変化を裏づける結果が出ています。このようにして、障害に対応した脳の両側の異常の場所が特定化されたのです。

## 言語遺伝子が見つかった

これまで、KE家系の言語障害について、言語行動の表現型の解析研究について説明しましたが、もう一つの研究方向である遺伝子の探索研究により、原因となる遺伝子が同定できたことで、言語機能の生物学的理解の端緒となる飛躍的な進歩がもたらされました。

KE家系の人々の遺伝子探索を重ねた結果、言語表現と言語の混乱に原因となる遺伝子は、七番染色体に局在していることがわかり、この遺伝子を染色体上で狭い所に絞り込んでゆく研究が進められ、最終的に、ＦＯＸＰ２と呼ばれる遺伝子であることを突き止めることができたのです。

そして、ＫＥ家系の言語障害を持つ人は、すべてこの遺伝子の中のアミノ酸配列番号で五五三番目のヒスチジンがアルギニンに置換されている突然変異を持っていることが判明しました。

この遺伝子の他の場所での変異も見つけられましたが、言語障害を持つ人のみと対応する変異は五五三番目の変異のみであり、この変異は三六四人の正常な人の染色体では起きていないことが確認されました。

ＦＯＸＰ２遺伝子がコードするタンパク質は遺伝子の発現を制御する重要な転写因子です。五五三番目の変異のある場所のアルギニンは、転写調節というこの遺伝子の機能のうえから重要な場所に位置しているので、ＫＥ家系でのこの変異は、二倍体の染色体の中の片方の染色体のＦＯＸＰ２遺伝子が機能しない（ヘテロ接合体）だけでも言語障害を生じてしまうほど重要であったのです。

もちろん、ＦＯＸＰ２遺伝子がＫＥ家系の障害の原因遺伝子として特定されはしましたが、その障害がこの遺伝子だけで起きているという証明はできてはいません。しかし、あとで述べるように、この遺伝子がこの障害の原因の本体であり、言語機能の理解に欠かせない遺伝子として、ますますクローズアップされるようになってゆきます。

## 遺伝子の名前

ちょっと横道にそれますが、本稿では、いくつか遺伝子の名前が出てきます。それもすべて英語名であり、気になっている読者もおられるでしょう。そこで、遅ればせながら、ここで、遺伝子の名前について説明しておきます。

ＦＯＸＰ２もその一つです。多くの遺伝子の名前は英語で表記され、聞きなれない遺伝子の名称がたくさん出てきて閉口します。三万個もある遺伝子は、それぞれ特定の名前（多くの場合、コードするたんぱく質の構造や機能の特徴を示す英語名）がつけられ、区別して用いられています。専門の研究者仲間では、その遺伝子名を聞けば、その具体的な機能まですぐに想定できますが、それ以外の人には、特定化するためのただの名前です。これは花子や太郎といった小説の登場人物の名前と大差ありません。研究者は、インターネット上でＰｕｂＭｅｄなどから、科学論文の情報を得ていますが、この英語名の遺伝子名は、そのキーワードとしても使えます。たとえば、ＦＯＸＰ２をキーワードとして検索すれば、この遺伝子に関係した科学論文のほとんどを探しだすことができますので、試してみるといいでしょう。

ＦＯＸＰ２遺伝子は最初 speech に関係する遺伝子なのでＳＰＣＨ１と命名されました。遺伝子の最初の発見者は、その遺伝子が「名が体を表す」ように、または発見の経緯を含めて勝手に命名します。ときには、複数の研究者が同じ遺伝子を発見することがありますが、その場合は、どちらかの名前になったり、協議して新しい名前にしたりします。また、同じではなくても類似の遺伝子がいくつかあることがわかったファミリー遺伝子の場合は、複数の研究者が協議して元の名前とは異なる新しい名前を付けることがあります。ＦＯＸＰ２遺伝子は、すでに同定されていたショウジョウバエのforkhead遺伝子（頭の形がフォークの先のようになってしまう変異体の遺伝子）と類似であり、しかも多数のファミリーがあったために、分類されてＦＯＸＰ２という名前に変えられました。

なお、遺伝子名の表記では、一般的に遺伝子名はイタリックで、それがコードするたんぱく質は通常の書き方で表記します。また、ヒトの遺伝子の場合は大文字で表記しますが、本書でもこれに準じて表記しています。

### 失語症と遺伝子

なお、ＦＯＸＰ２遺伝子以外にも、言語機能障害と遺伝子との関係について多くの研究が進められています。ここでは、可能性のある遺伝子が同定されている例について、簡単に触れておきます。

失読症などの読書障害では、脳の発達障害が原因である可能性が高いと考えられています。失読症がある人々は、正常な知性を持っていますが、脳では、発達段階で早々に形成された不完全な神経の接続が失読症を招いていると予想されています。

その原因となる遺伝子は単独ではなく、いくつかの遺伝子に起因すると考えられますが、これらがお互いどのように働いているかはわかっていません。その原因と考えられる一つの遺伝子は第六染色体にあることが予想され、DNA解析からDCD2と呼ばれる遺伝子を見つけました。失語症患者の一七パーセントで、この遺伝子に特徴的な短いDNA配列の欠損があることがわかり、この特徴的な欠損を持つ人はすべて失語症を呈することがわかりました。

そして、死体脳の解析から、読書の間に使用されていると予想される脳の特異的領域で、DCD2遺伝子が高い発現をしていることが確認されました。さらに、RNA干渉法と呼ばれるテクニックを用いて、胎児のネズミでDCD2活動を低下させると、新たに生まれるニューロンは大脳皮質でそれらの適切な位置に配置できていないことがわかりました。このような結果は、DCD2遺伝子のある変異が、通常、読書するのに使用される神経回路を正常に形成できなくさせていることを示しています。ただ、このような変異を引き継いでいる家系の人々でも、読書するのに、それほど効率的でない別の神経回路を使用することによって代償している人もいるようです。

また、第三染色体にリンクするROBO2と呼ばれる遺伝子も、失読症を引き起こす原因遺伝子であるという証拠が報告されています。失読症の一人の男性の遺伝子解析から、ROBO2の遺伝子領域が染色体転座を起こし、それが原因でこの遺伝子の発現が起きなくなっていることが発見されました。さらに、失語症をもつフィンランドの二一人の家族の解析から、それぞれの人が、ROBO2の活動が低下していることが確認されています。

ROBO2は、対応するショウジョウバエの研究から、この遺伝子が発生過程において、脳の両側をつなぐ神経回路を形成するのに働いていることがわかっていますので、人でも同様に神経間の接続ができないために失読症となっていると予想されています。

## FOXP2遺伝子が働いている脳の場所はどこか

このFOXP2遺伝子がKE家系の言語障害の原因遺伝子であるとすれば、先に述べた脳機能画像などから推定された障害と関係する脳領域との対応が必要です。とくに、脳のどこの場所で発現しているかは、その機能を知るうえで大切です。

この遺伝子はヒトを含む哺乳動物でよく保存されている遺伝子であり、他の動物でも相当する遺伝子がクローニングされているので、いろいろな動物でその機能を調べることができます。この遺伝子は、脳だけではなく、肺、心臓、腸管などでも発現していました。とくに、肺では、

ＦＯＸＰ２は肺の上皮細胞の分化に関連している遺伝子の発現を抑制することで、胚発生の間に肺の上皮組織の特殊化と分化において重要な役割があることがわかっています。

ヒトの六週から二二週までの胎児の発達段階や、マウスやラットの胎児から大人までの発達段階で、脳での発現場所が調べられました。その結果、知覚の核、辺縁系核、大脳皮質、いくつかの運動構造などで、マウスと人に共通な発現パターンが認められました。さらに注目すべきことは、鳴鳥の脳での発現が、マウスや人間の脳の発現パターンと著しい類似を示していることです。

ＦＯＸＰ２がコードしているタンパク質は転写因子と呼ばれるもので、下流の標的遺伝子と調節領域に結合することにより、転写する頻度を上げたり下げたりして下流の遺伝子の発現を制御していると考えられています。

### FOXP2が働く言語機能の脳神経回路

ＦＯＸＰ２遺伝子の神経系組織での発現パターンを考慮に入れて、言語機能に関係する脳神経回路について考えてみましょう。特徴的なことは、障害のある人でも健常者でも、言語の基礎となる基本的な神経回路は同じであり、他の運動機能のための回路も同じ機能をもっているということです。

この回路では、運動皮質が他の正面の皮質の領域の二つの並行する皮質‐皮質下経路によって調節を受けていますが、ＦＯＸＰ２は、この二つの並行した回路に属する脳組織でも発現していました。ＦＯＸＰ２は、運動関連の脳組織構造の中で広範な発現をしているので、この遺伝子の機能的重要性が、体のすべての筋組織に反映されるものか、あるいはほんの一部だけに反映されるものかがわからなくなります。

しかし、ＫＥ家系の遺伝子突然変異は、口腔顔面筋組織の、とくに連続した運動機能を特異的に損なわせてしまっているのが特徴です。このような結果と一致して、障害を持つ人の神経画像法の研究では、ブローカ野をふくむ三つの領域に機能的な異常が見つけられていましたが、対照的に、連続的に計画された手足運動に重要な領域ではどんな異常も認められていません。

このようなＦＯＸＰ２の脳組織での発現部位と、脳機能画像研究から突き止められた連続的な口腔顔面運動、とくに言語に重要な脳機能領域を総合して考えて、ＦＯＸＰ２がはたらいている脳機能回路モデルが提案され、ＫＥ変異を持つ人が、なぜ口腔顔面と言語の統合運動障害をもたらすかについて、そのメカニズムを説明できるようになってきました。

## ＦＯＸＰ2は他の動物でも同じように言語機能に重要な遺伝子

ＦＯＸＰ２の遺伝子の異常は、子供の発育段階では言語の統合運動障害を引き起こしますが、このような障害では、連続した口の運動により言語を発する能力だけでなく、他人からの言語を理解する能力も欠如するということで特徴づけられます。ＦＯＸＰ２遺伝子は、発育中のヒト脳組織では線条体で顕著な発現が認められています。一方、大人では、ＦＯＸＰ２患者では、この遺伝子異常によって影響を受ける脳の主要な領域は基底神経節であると推定されています。このようにこどもと大人でＦＯＸＰ２遺伝子の発現と障害の現れかたには違いがありますが、それが、発育段階での脳の回路形成の段階の異常によって欠陥を持った脳ができてしまうためなのか、出来上がった脳での神経回路が正常に働いていないためなのか、あるいは両方の組み合わせに原因があるのかはわかりません。

そこでこの遺伝子の欠損が直接言語障害を引き起こすかどうか明確に示すためには、新たにこの遺伝子欠損を起こすと言語障害が発症するかを示せばよいのですが、これはヒトではできる実験ではありません。そこで、実験動物を用いた研究が必要となります。

## ＦＯＸＰ2がないと鳥は歌を歌えない

さて、前に説明しましたように、鳴鳥での言語と学習的発声活動は、ヒトの言語機能とその作動様式の働きがよく類似していると考えられています。したがって、ヒトの言語機能でどのような神経機能がはたらいているのかを知るうえで、鳴鳥は最も良いモデルです。

そこで、まず、鳴鳥でのＦＯＸＰ２の脳での発現を調べると、基底神経節、視床、および小脳で強く認められ、ヒトの脳での発現のパターンとよく似ていることがわかりました。つぎに、実際に歌を学習するときに、この遺伝子の発現が変わるかどうか調べました。すると、若いシマウマフィンチが歌を学習するとき、一過的に基底神経節の歌の核のＦＯＸＰ２の発現が増加していることがわかったのです。大人のシマウマフィンチの歌の核でのＦＯＸＰ２の発現は、可変的で目的のない歌を歌うときには低く、メスに向けて特徴ある歌を歌うときには高く保たれていることもわかりました。さらに、大人のカナリアでも、季節に合わせて歌を変えるために新しい音節の編入がある晩夏の数カ月のあいだ、歌の核でのＦＯＸＰ２の発現が上昇していました。

このように、鳴鳥では、歌を歌うときにＦＯＸＰ２の発現が必要なのではないかと想像できます。ならば、もし鳴鳥の歌の核でのＦＯＸＰ２の発現を抑制すれば、歌の学習に支障をきたすと予想されます。鳴鳥ではマウスで行ったような遺伝子改編や変異体の作成はできませんので、ある種のウイルスを用いたリボ核酸干渉という手法で、シマウマフィンチのＦＯＸＰ２遺伝子の発現を抑制してみました。すると、歌の核のＦＯＸＰ２の発現を抑制させたシマウマフィンチは、教師の歌を模倣するときに、不完全で不正確な歌しか歌うことができなくなったのです。この結果は、鳴鳥の基底神経節における聴力に誘導された声の運動学習にＦＯＸＰ２の働きが重要であることを明白に示すものであり、ヒトの言語機能でも同様のことが起こると推定されるのです。

## ＦＯＸＰ２はマウスでも重要

このように、ＦＯＸＰ２は、言語機能に直接結びつく遺伝子としてその具体的な働きに注目が集まっています。このような生体機能をより直接的に探る方法としては、マウスのような実験動物を用い、ＦＯＸＰ２遺伝子の機能を解析することが可能です。現代の遺伝学的方法としては、マウスに変異原物質を投与してランダムに突然変異体を作成し、その中から目的の変異体を探す従来の方法と、遺伝子導入による遺伝子欠損マウスの作出の二つの方法があります。

英国の研究者は変異原物質によりランダムに作成した五〇〇〇匹以上の変異マウスの中から、ＦＯＸＰ２遺伝子の変異がないかどうかを調べました。彼らが探し当てたＦＯＸＰ２遺伝子の変異を持つマウスは、信じられないことに、ヒトのＫＥ家系でのタンパク質における五五三番目のヒスチジンからアルギニンに置換されている突然変異に相当する場所（マウスのＦＯＸＰ２タンパク質の五五二番目）のアミノ酸がヒスチジンからアルギニンに置換されている変異マウスを作ることができたのです。そして、このマウスを用いて、解剖学、細胞生物学的、あるいは、行動上の解析が可能となりました。

この変異体のホモ接合体マウスは、体重増加が遅く、立ち直り反射能力の獲得が遅く、出生の数週間後には死んでしまうことがわかりました。これらのマウスの小脳は小さいですが、脳全体の解剖学的形態は正常です。また、ヘテロ接合体マウスは普通に生存でき、全体の脳形態は正常であり、基本的な運動能力も正常でしたが、ロータロッドという回し車上での自発的な運動と、加速された状態での負荷をかけた運動能力を調べると、運動の改善が正常のマウスに比べて遅れをとることがわかりました。

このような行動上の欠陥とともに、ヘテロ接合のネズミでは、加速している回し車での技能の学習に関係しているといわれている脳の領域でのニューロンでの長期抑圧として知られている可塑性のフォームが欠けていることがわかりました。その他の症状の解析も含めて、ヘテロ接合体マウスの解析結果から、ＦＯＸＰ2は、皮質線条体間と皮質小脳間の接続回路にかかわる運動神経の能力学習で働いていること、そしてこの二つの神経回路は、まさにヒトの言語機能と結びついたものでした。

ＦＯＸＰ2遺伝子ノックアウトマウスの研究からは別の観察結果が報告されています。ノックアウトマウスというのは、特定の遺伝子だけ欠損させてしまう新しい技術で作成されたものです。この遺伝子を完全にノックアウトしてしまったマウスのヘテロ接合体のノックアウトマウスの仔マウスでは、母親から引き離されたときに起こす「孤立呼び出し」のときの超音波発声が減少することがわかりました。一方、ヒトKE家系と同じ変異体遺伝子で置換したマウスのヘテロ接合体の仔マウスは、野生型の仔マウスとまったく同じ回数の孤立呼び出しをしていることが観察されました。この二つのヘテロ接合体のマウスでは、ともに発育遅延をもたらすという特性が現れるので、現在では、孤立呼び出しができないことは、この発達遅延による可能性も排除できません。このような仔マウスの孤立呼び出しは生得的なものであり、学習を必要としないので、先に述べたFOXP2の変異遺伝子のホモ接合体マウスの学習性の運動性機能の障害を起こすという結果と比べると、FOXP2は言語そのものに働いているというより、学習性の運動神経の能力に重要であると考えるのが妥当のようですが、さらに詳しい解析が必要です。

なお、FOXP2マウスを用いた研究についてはこの遺伝子の進化を説明したあとで、もう一度面白い結果を説明します。

## FOXP2遺伝子の進化

KE家系のメンバーで同定されたFOXP2遺伝子は、染色体の一コピーに変異があるだけで異常な言語と言語発達を起こすこと、また、この遺伝子の言語機能との関係から、その遺伝子進化について大きな関心が寄せられました。

ヒトのＦＯＸＰ２の遺伝子が同定されたことにより、他の霊長類、他の哺乳動物、鳥類などとのアミノ酸配列や塩基配列の比較が行われました。これによるとＦＯＸＰ２は、全タンパク質の中の五%を占めている最もよく保存されているクラスのタンパク質をコードする遺伝子に分類されます。このことからも、生物学的に重要な機能を担っているにちがいないと期待されました。また、異なった人種やヒトの人口母集団の中の変異を調べても、まったくアミノ酸配列の変化を示しませんので、人類の進化のうえからも現在のＦＯＸＰ２遺伝子の配列は現代人に固有のものであることがわかります。

およそ七〇〇〇万年前に人間とマウスが進化的に分岐してから、多くの塩基配列の変化がＦＯＸＰ２に蓄積していますが、アミノ酸のレベルではたった三つだけしか変化がありませんでした。そして、これらの三つのアミノ酸の変化の中の二つの変化（三〇三番目のトレオニンのアスパラギンへの変化と、三二五番目のアスパラギンからセリンへの変化）は、唯一ヒトに存在していて、チンパンジー、ゴリラやオランウータンには存在していません。つまり、ヒトがチンパンジーから進化的に分岐した四〇〇〇万年から六〇〇〇万年前に、これら二つのアミノ酸の置換が起きて、その後ヒトに固有のものとなったといえます。

進化のうえから短い時間の間に起きたＦＯＸＰ２のこのアミノ酸変異の頻度は、遺伝子変異が偶然に起きると予想される頻度よりはかなり高いと考えられます。それゆえ、このＦＯＸＰ

2配列の変化により、この遺伝子は進化的にきわめて有利な遺伝子型となり、この遺伝子変異が起きてからたちまちのうちに、ヒトの母集団の中に広まったと考えられます。このような現象は加速進化と呼ばれます。そして、この広がりは、過去一〇万年の間に完了してしまったと推定されますので、このFOXP2の遺伝型の出現は、一〇万年から二〇万年前に現れたとされる、いわゆる現代人の出現とよく一致しているといえます。

## ネアンデルタール人も現代人と同じFOXP2遺伝子を持っていた？

最近の遺伝子解析の技術的進歩は、絶滅種からの遺伝子配列の検索も可能にしています。ヒト科の化石の中にわずかに残っているDNAから古代人の遺伝子情報を解読し、現代人類と比較することにより、以前には議論できなかった進化の道筋についての情報も得られるのです。

ここまで見てきたように、FOXP2遺伝子は、変異により二つのアミノ酸置換が起きている遺伝子が、人類において一二万年前に正の選択を受けて、それが現在の人類に固定化されたという報告がありますが、最近、ネアンデルタール人の二個の化石に含まれるDNAの解析から、現生人類と同じく、ネアンデルタール人もすでにFOXP2遺伝子のアミノ酸対立遺伝子座を持っていたとする報告がなされました。現代人類とネアンデルタール人とは交雑がなかったと考えられているので、FOXP2のこの遺伝子座は現代人類とネアンデルタール人が分岐する前の先祖の古代人が持っていたと推定されます。両者の分岐の推定年代はおよそ三〇万年前ですので、これまでの定説である一二万年よりずっと前から保持されていたことになり、言語が始まった年代を押し戻す可能性も出てきたのです。しかしこの報告に対しては、強い反論がなされています。一番問題なのは、化石の遺伝子の出どころですが、一般的に化石は研究者が触ることで、現代人の組織片が付着してしまい、分析する遺伝子ＤＮＡに現代人のＤＮＡが混在してしまう危険性があります。かつて、ネアンデルタール人と現代人は交雑したという結果もありましたが、現在では、この結果は現代人のＤＮＡの混在によるものであろうと考えられ、両者の交雑は起こっていないというのが一般的な結論となっています。それと同じように、ＦＯＸＰ２遺伝子の分析結果も疑いの目で見られていますので、まだ断定はできないのですが、言語の始まりがいつであったかという想定の根拠としてはきわめて重要なものでしょう。

## 教育ママはＦＯＸＰ２遺伝子のインプリンティングの結果？

遺伝子の発現の制御の方法として、ゲノムインプリンティング（遺伝的刷り込み）という現象が知られています。一般に哺乳類は、父親と母親から同じ遺伝子を二つ（性染色体の場合は一つ）受け継ぎますが、いくつかの遺伝子について片方の親から受け継いだ遺伝子のみが発現することが知られています。このように遺伝子が両親のどちらからもらったかが記憶されていることをゲノムインプリンティングといいます。

一方の親から受け継いだ遺伝子だけが選択的に発現するために、片方の親から受け継いだ遺伝子に欠陥があると、もう片方の親由来の遺伝子が正常でも病気になってしまうことがあるのです。このゲノムインプリンティングは遺伝子のDNA配列のシトシン塩基がメチル化されることで、その発現のスイッチのオン／オフをするというような調節が起きます。

さて、面白いことに、FOXP2はインプリンティングが起きていて、父方の遺伝子が高い発現をするという事実があります。これは、「すぐれた」遺伝子を持つ父親の子供が、より育ちやすい（育てやすいといってもよい）ことになり、インプリンティングの進化論的な議論によると、このような遺伝子発現のパターンは、この遺伝子の利己的な振る舞いを促進すると考えられます。

たとえば、早めの語学習得を可能にする遺伝子をもっていれば、子供と母親との関係がよりよくなって生存競争に有利なため、結果として、母親はより早く学習できる子供を、より多く産む結果となると考えることができるでしょう。

このような考えに立てば、FOXP2のインプリンティングという現象が、言語機能の獲得の上で、進化的に有意であったと想定できます。もしかすると、現代の母親に教育ママが多いのは、このような習性を反映しているのかもしれません。

## ヒト型とチンパンジー型のＦＯＸＰ２の違い

話をもとに戻して、ヒト変異型ＦＯＸＰ２が加速進化を起こしたことで、ヒトでの言語機能ができあがったのは、このアミノ酸二個の変化とほぼ同じ時期ではないかという説が出されています。しかし、この仮説は議論が分かれており、ヒトＦＯＸＰ２が、このアミノ酸を獲得したことによって、ヒトのニューロンに何らかの新たな機能的な影響を与えたかどうかは検証されていなかったのです。

そこで、この二個のヒトに特異的なアミノ酸の変異が、言語機能上のＦＯＸＰ２のはたらきに大きな変化を与えるような差を生じさせたのかという点について、具体的な検証が望まれました。

そのために、ＦＯＸＰ２遺伝子産物である転写因子としての機能においてヒト型とチンパンジー型の違いがあるかどうかを調べたのです。すると、ヒト系列で起こったＦＯＸＰ２変異の機能の重要性が実験的に裏づけられ、ヒトの脳の発生や中枢神経系の疾患に直接影響する特異的な経路が明らかになってきました。そして、新たに同定されたＦＯＸＰ２の制御を受ける標的遺伝子は、ヒトの言語回路の発生や進化にきわめて重要な機能を果たしていることもわかったのです。

具体的な分析法としては、ヒト型とチンパンジー型のＦＯＸＰ２遺伝子をヒトの神経組織由来の細胞に遺伝子を導入して、その標的となる遺伝子に違いがあるかを調べたのですが、ヒト型の転写因子によって特異的に発現が上昇する遺伝子が六一個、特異的に発現が減少する遺伝子が五五個あることがわかりました。

これら遺伝子の多くは、その変異が生ずると脳神経系の障害を起こすことがわかっていた遺伝子だったのです。

たとえば、これらの中には、変異が起きると脊髄小脳失調や会話障害を生じることがわかっている二つの遺伝子があり、このことと対応してＦＯＸＰ２変異を伴う患者は小脳が減少していますし、ＦＯＸＰ２ノックアウトマウスでも小脳に著しい形態学的変化が起きています。また、頭蓋顔面異常を伴うシチッカーシンドロームの原因遺伝子、運動失調、眼震、他の運動不全、しばしば精神的な発育不全など起こす原因となっている遺伝子などがあり、いずれも脳神経系の重要な働きを担っている遺伝子です。

つまり、ＦＯＸＰ２遺伝子の二つのアミノ酸変異が生じたことで、その下流で制御を受ける脳神経系の多数の遺伝子の発現が変化し、そのことが脳の形態や機能を大きく変え、この変異を持った個体が生存に有利となっていったのでしょう。その結果、ＦＯＸＰ２遺伝子だけでなく、その下流の多数の遺伝子も、ともに加速進化を受ける結果となったと考えられます。

## アルジャーノンに花束を

このように、ただ一つの転写因子の遺伝子の変異が、会話と言語を統御するような重要な位置にあり、下流の多数の遺伝子の発現を選別してそのバランスを変えたことで、脳の形態や機能の形成に働いている遺伝子のネットワークが変わり、脳の新たな機能を付与することができるようになったのです。それはあたかも『アルジャーノンに花束を』に出てくる、実験的に作られた頭のよいマウスが出現したような出来事だったに違いありません。

とはいえ、二つのアミノ酸に違いのあるＦＯＸＰ２遺伝子が、実際にヒトとチンパンジーの個体でどのような生理的機能、とくに言語機能の違いとして、働いているのかはまだわかっていません。しかしアルジャーノンではありませんが、マウスを使えば、こうした実験が可能なのです。マウスのＦＯＸＰ２遺伝子は、ヒトのような二つのアミノ酸置換がなく、その点ではチンパンジーと同じ遺伝子（正しくは別の場所に一カ所アミノ酸の違いがありますが）とみなすことができます。

そこで、ヒトのＦＯＸＰ２遺伝子をネズミの遺伝子と置き換えた「ヒト型」マウスを作製すれば、ヒト型とチンパンジー型のマウスの表現型を比較することができます。では、このヒト化したネズミにはどのような変化がおきたのでしょうか。

ドイツのミュンヘン・ヘルムホルツセンターにはマウスクリニックがあって、入院「患者」は世界一高度な医学的検査を受けることができるのですが、最近は人間ドックと同様に順番待ちが多くなって困っているといいます。遺伝子ノックアウトマウスや自然に生じた変異マウスなどの検査をすることにより、マウスの病気の原因を探り、ヒトの精神疾患など分析が難しい疾患の原因を知る手掛かりを探すこともできると期待されています。

検査では、通常一種の変異マウスについて八〇匹を検査し、個体ごとの違いを超えた表現型を特定化してゆきます。検査内容は、血液検査、肛機能、代謝機能など一般的なものから、脳スキャン、全身スキャン、握力検査、運動機能検査、基礎代謝量検査なども受けることができます。もし何か異常が見つかればさらに詳しい二次、三次の検査が行われます。また、組織病理標本を作成し、病理変化も分析します。また、神経系の病気については、社会性や野外での行動様式などを、広い野外に放し飼いにして調べることも可能です。

さて、ヒト化マウスは見かけは正常でした。また、FOXP2遺伝子は脳以外にも発現しているので、このクリニックで三〇〇にも及ぶパラメーターについて表現型に違いがあるかどうか調べられましたが、結果として変化が認められたのは、脳に関係したものだけでした。

これらのネズミは、超音波発声と探索行動において明らかな変化を示し、脳のドーパミン濃度にも大きな変化が認められました。また、大脳基底核で重要な線条体のニューロンが樹状突起の長さを増加させて、シナプスの可塑性を増加させていることもわかりました。つまり、二つのアミノ酸置換を起こしただけのヒト型遺伝子は、マウスの脳の機能を大きく変える能力を持っていたのです。

このマウスの神経学的解析結果は、ヒトの会話、言語、および認識力が、サルのものを超えている理由に関する説明を提供してくれているように思います。「ヒト化された」ＦＯＸＰ２の遺伝子のネズミでは、大脳基底核の中型有棘ニューロンはシナプスの可塑性と樹状突起の長さを増やしています。そのような変化は人間では、会話、単語認識、文章理解、暗算などに関係する大脳皮質基底核回路の効率を高めるはずです。

大脳基底核は爬虫類などの下等脊椎動物にも存在していますが、それらは主として運動制御に関連しています。一方、人間の大脳基底核にも運動制御機能がありますが、物の形や色を明瞭にして特定できるような「視覚のワーキングメモリ」、単語と文の意味を明確にする「言語のワーキングメモリ」、さらに他の認識機能など新しい役割を持った認識的サーキットをも備えています。つまり、大脳基底核は言語の可能性と人間の創造的行動を作り上げるような認識の柔軟性に重要な役割を持っています。

しかし、人間の脳の大脳皮質基底核回路はサルと同じなので、人間の脳にだけこの柔軟な容量がある理由は不明のままでした。人間では動物で神経回路を投影するのに使用される侵襲的な方法は使用できませんが、拡散伸筋追跡（非観血映像技術）では他の高等霊長類と同様の大脳基底核回路の存在を確認することができます。したがって、どのような回路であったかはともかく、何らかの要素が進化の間に人間の認識力の機能アップをしたに違いありません。

また、すでに述べたように、ヒト科の進化のコースをたどって増加してきた脳の大きさが、ヒトの高い言語能力と認識力を規定する要因の明白な候補であることは間違いありません。また、新皮質が失語症（永久的な言語消失）に関係していることから、他の研究では新皮質のブローカ野に焦点を合わせていますが、この領域だけで言語能力を説明できるわけではなく、大脳基底核と接続する神経の皮質下での損害がない場合は、失語症は決して起きません。

そこで、大脳基底核にかかわらない喉頭部から皮質への「直接」の脳幹サーキットが音声学習とスピーチの候補として提案されたこともありますが、大脳基底核への障害が起きると、連合学習と運動制御は低下しますし、パーキンソン病で大脳基底核の活動が減少すると、とくに、喉頭制御能力は退化してしまいます。さらに、大脳基底核の障害は無言症をもたらします。

こうしたことから、何か直接の喉頭部からの皮質への脳幹経路（その証拠は不明瞭ですが）が人間の脳に存在していたとしても、それらは、喉頭部の活動を制御するのに重要な役割を果たしているとは思えません。そのうえ、私たちが話すとき、複雑な唇、舌、喉頭部の胸郭、および腹筋操縦を調整しなければなりませんので、喉頭単独では言語機能はなりたちません。

そこで、ヒト化したマウスの脳組織内でどのような変化が起きていたかが重要となります。ヒト化マウスは、シナプスの可塑性と樹状突起の長さを増加させ、大脳基底核のニューロン間の接続性を増加させてきました。

人間が、FOXP2遺伝子を現在のヒト型遺伝子に変化させたことによって、大脳皮質基底核回路の効率を他の動物種よりも引き上げたことは、一種の「チューニング」と見なすことができます。シナプスの可塑性はニューロンがどう情報をコード化して処理するかの重要な要因ですし、樹状突起はニューロン間に情報更新に必要なニューロン地図の間を接続します。これまでの神経生理学的研究は、シナプスの可塑性とニューロンの接続性が認識力のほとんどすべての局面の基礎として重要であると指摘しているので、この結果はきわめて妥当と思われます。

完全に現代的な発話ができる舌を持っていたかもしれない最も古いヒトの化石は、五万年間まで遡ることができますが、FOXP2遺伝子のヒト型の進化を考えれば、この大脳皮質基底核回路はそれより前に進化していたと考えられます。

## チョムスキー理論は正しいか？

これらの結果は、人間の言語の神経基盤に関するチョムスキー理論について反対の議論を提起したようにも見えます。彼の理論では、ヒトだけが先天的に「言語機能」に限った「心的器官」を所有していると仮定し、「言語機能」を意味の違いを表す文章としての「構文」と同一視しています。大脳皮質基底核回路が文章理解にかかわることは明らかですが、人間の大脳皮質基底核回路の高い効率は、言語と運動制御だけでなく、認識的な行為にも働くことが明らかなので、言語だけに限定したチョムスキーの「心的器官」の理論とは相容れないという議論もあります。しかし、「言語機能」をつかさどる器官は仮想されたものであり、その実体が少しずつ明らかになってきたと捉えれば、チョムスキー理論が深化したと考えることもできるでしょう。

いずれにしても、FOXP2遺伝子という一つの遺伝子の変異によって、ヒトに特徴的な言語や認識の機能に大きな影響が表れたということが、進化論的に実証できたことは大変重要です。こうしたヒトやサルの遺伝子をマウスに組み込んで、その表現型の違いを追跡するという研究方法は、人間の認識力の進化を理解するための新しい手法となるかもしれません。

## まとめ

イギリスの言語障害を持つ家系の研究からスタートした言語機能の遺伝学的な研究は、この障害の原因を説明する唯一の遺伝子としてFOXP2という遺伝子を発見しました。この遺伝子を手掛かりに、この言語障害の言語学的分析や病理学的分析と対応させながら、言語機能にかかわる脳のメカニズムを解き明かすことができるようになってきています。一般に、科学研究ではこうしたひとつの発見が契機となってそこから大きな課題が解き明かされてゆくことが多いのです。今後、現代の分子生物学や細胞生物学の研究手法は、この遺伝子を中心として、多数の他の遺伝子やタンパク質が参画する複合的な脳神経機能や運動機能の調節ネットワークを解き明かしてゆくことになるでしょう。すでに述べたように、このネットワークの中から脳神経疾患と関係する遺伝子も見つかってきていますし、ここでは省略しましたが、最近では、自閉症に関係する遺伝子とのつながりも注目されるようになっています。

また、ＦＯＸＰ２というヒトの遺伝子が発見されると、それに相当する他の生物の遺伝子もどんどんわかり、とくに、ヒトの言語に相当するマウスや鳴鳥での歌のメカニズムも実験的な証拠とともに明らかにしてゆくことができるようになりました。こうした実験動物での研究成果はすぐにヒトの言語機能の研究に戻され、どこのポイントに注目すれば、言語機能の新しい重要な制御機能を解明できるかという視点も与えてくれるのです。

いうまでもなく、言語機能は脳の認識機構と運動機能の統合的な調節のもとにあるのですから、これらを一体化した研究方向が重要です。また、言語が言語として機能してゆくために必須の文字を読んだり書いたりという、脳と運動機能の調節についての解明も重要な課題として残っています。

最後に、「われわれはどこから来たのか」と「われわれは何者か」をつなぎ合わせてみると、FOXP2遺伝子の人への進化の道筋で明らかになったように、この遺伝子のたった二つのアミノ酸の変異があったことで、ヒト型マウスに見られるような複合的な表現型の違いが表れ、それが現代の人間の、少なくとも言語機能の大きな進歩をもたらしたということは、驚くべきことですが、これは人間が人間たりうるために意図したものではなく、偶然の変異によって起きたことなのです。ここには、ダーウィンの進化仮説でいう「偶然の所作と自然の選択」が顕著に表れています。とくに、FOXP2遺伝子が加速進化を遂げているだけでなく、その標的遺伝子のいくつかが同様の加速進化を遂げていることは、「ヒト」が「人間」になってゆく進化の速度を上げるのに、とても効果的であったことを予想させ、「インテリジェント・デザイン」があったかのように、進化が起きることがあることの証拠でもあります。

# 第三部　われわれはどこへ行くのか

# 第9章　ゴーギャンの魂の叫び

「われわれはどこから来たのか、われわれは何者か、われわれはどこへ行くのか」と、ゴーギャンは、死ぬ一カ月前に、友人に宛てて、遺書ともいうべき手紙を書いています。「たしかに野蛮人は、われわれ文明人よりも優れている。僕が自分を野蛮人だというのは正しくないと君は言ったが、やっぱり僕が正しい。僕は、野蛮人だよ。文明人たちは、それに気付いている。僕の作品の中には、人を驚かせたり、まごつかせたりするものは何もないはずなのに、皆が驚いたり、まごついたりしているから。それは、僕の中の野蛮人が、本意なくそうした結果をまねいたのだ。これが、僕を模倣できないゆえんさ。一人の人間の作品は、その人間の説明だ。これには、二種類の美がある。本能から生まれるものと研究から生ずるものと。たしかにこの二種類の美の結合と、それにともなう変化から、非常にゆたかな複雑さが生まれる」

彼はひき続いて、ラファエルを讃えたあと、こう書いています。「僕らは物理学や、化学や、自然の研究によってひきおこされた芸術上の錯乱の時代を経てきたばかりだ。野蛮性を失い本能——想像力といってもいい——を失った芸術家たちは、自分たちの生み出すことのできなかった創造的な要素を見出すために、あらゆる小路に迷い込んでしまった。その結果一人でいるとだめになってしまうので、臆病になり、無秩序な群をなして行動するようになったのさ。あらゆる人間に孤独を進めるべきでないのは、こうした理由からだ。孤独に耐え、一人で行動するには、強くならなければならないからね。——僕がほんのわずかのことしか知らないというのは事実だ。しかし、自分自身のものであるこのほんのわずかのもののほうがいいんだ。このわずかなものが、他の人々に利用されて大きなものにならないとは、どうして言えよう。人間が、動きを表現できるようになるまで、どれほどの年月が要ったことか」（『タヒチからの手紙』岡谷公二訳、昭森社、以下引用は同じ出典）

## 自然に帰れ

ルソーの『人間不平等起源論』（一七五五年）の中には、有名な「自然に帰れ」という言葉が出てきます。「おお、君たちは、天からの声を全く聞きわけることができず、人間という種には、この短い生を平和に終えるという運命しか認めようとはしないのか。君たちが獲得した忌まわしい成果、落ち着きのない精神、腐敗した心、野放しの欲望などは、都会の真ん中に置き去りにするが良い。君たちは自分で決めることができるのだから、かっての太古の原初の無垢な心をとりもどすがよい。同時代の犯罪から目を背けるために、その記憶を拭い去るために、森に帰るがよい。人類の敗徳とともに知識を投げ捨ててしまうと、人間の品格が落ちるのではないかなどと恐れる必要はないのだ」（『人間不平等起源論』中山元訳、光文社）

この言葉は、一世紀半を過ぎたあとのゴーギャンの叫びとよく似ています。

## 自然科学者の目を持っていたルソー

ルソーの著書の目的は、この現代社会が抱えている根源的な課題を解決しようとしたものですが、その一つともいえる人間社会にある不平等の起源について、二つの問題を挙げています。

一つは「身体的な不平等」であり、年齢、健康状態、体力などの質的違いによって生み出される不平等、つまり、生物学的な、そして遺伝的な不平等であり、これは生物学上の不平等として自然なものであり、その起源を問うことは無意味なことであると考えています。

しかし、現代のわれわれの時代においては、この「身体的な不平等」こそが、大きな課題であり、遺伝学的不平等は医学的に克服すべきものとして、解消するような努力が積み上げられてきています。先進諸国では、オーダーメード医療の名のもとに、個人の遺伝学的な差異に対応した治療法に向かいつつあります。

もう一つの不平等は、社会的、政治的、あるいは貧富の差という経済的な不平等であり、これは人的に発生した新たな不平等であると定義づけています。

ルソーは、まず「自然の状態にある野生の人間」とはどのようなものかを描き出し、つぎに、この野生の人間がいかにして自然状態から脱出して社会状態に入ったかを段階的に考察しようとしました。これは、本書で、「生物としての人間」の歴史をたどってきたことと、基本的な立場は同じです。

社会形成の第一段階とは、野生人たちが多様な困難に直面して孤立した状態を維持できなくなり、緩やかな集団を形成してゆく段階であり、共同作業や、原初的な言語の成立してゆく時期と考えています。

この時代の野生人は、誰もが同じものを食べ、同じように暮らし、まったく同じように行動するという動物的で素朴な生活をしていたので、それぞれの世代は前の世代が始めたところからすべてやり直すことになり、無数の世紀の後にも原初の粗野な状態のままにとどまっていたのです。つまり、「種としてはすでに老いていたが、人間はいつまでも子供のままであった」

と述べています。

言語もないこの時代には、何かを習得したとしても、他者に伝える手段はなく、その進歩は世代にわたって遅々としていました。しかし、人々がやがて集まって暮らすようになり、「共通の利益を守るために他人の援助を期待できる状況」ができると、共通の約束事が必要となり、「原初的な言語」が生まれたと考えています。

この第一段階は、生まれ出た子供が何も話せないところから言葉を話せるように成長してゆく過程と似ていますが、今の子供が数年でやり遂げることを、われわれの祖先は、数万年をかけて自分のものにしてきたのです。

第二段階は、この集団の中から家族が形成される段階、恋愛感情、家族的な所有の形成が行われ、男女の暮らし方に違いが生まれてくる時期です。

第三段階は、自然の変動などにより、地域的に孤立した集団から地域的な言語が形成され、地域的な社会も形成され、その中で、技術的な進歩が実現してゆき、現代の未開人と同様の水準にまで生活面で向上が起きた時期であり、第四段階は、いわゆる新石器時代の革命であり、鉄と小麦の時代、つまり、農業の時代ともいえる段階です。そこでは、労働と所有の問題が生じてくることになります。さらに進むと、戦いと殺戮の時代ともなり、国家が成立するようになり、そのうちに、いわゆる「世界の歴史」として学習してきた記述可能な歴史時代へとつながってくるのです。

ルソーのこの考察は、当時の有名な博物学者のビュフォンの研究をよく理解しており、また、当時未開地を旅した人々の記録から、未開人の生活についての情報を参考にしながら、この考察に至っています。今でいう「文化人類学」的な考察です。つい先頃亡くなった著名な文化人類学者のレヴィ・ストロースは、ルソーのことを「文化人類学者の祖」だと言っていたといいます。

## ルソーの自然観を遺伝子進化から見直す

ルソーも文化人類学者も、未開人の生活から古代人の生活を想像していますが、その想像に妥当性はあっても、証拠とはなりません。われわれはタイムスリップして昔の世界を見ることができないので、それは無理からぬことです。

幸いなことに、ヒトをはじめとする多様な動物のゲノム情報が解読されたことで、われわれは、そのゲノムの中に刻み込まれた生物進化の歴史を読み取ることができます。その結果、想像の妥当性のうえの議論は、実証的な裏づけをもって語ることが可能になってきました。

本書でこれまで述べてきた遺伝子の足跡からは、ルソーのいう四つの段階はおおむね妥当なものですが、必ずしも人間の自然史や遺伝子に書き込まれて年代に対応した段階ではなく、それぞれの萌芽のようなものが、偶然に、しかも独立に起きて、それぞれがいつの間にか関係を持つようになり、ある時期からそれらが集約されて、選択されてきたように見えます。

また、第一段階では「自然による選択」が優位であったのですが、第二段階以降は、これに自らが作り出した「社会による（あるいは人為的な）選択」が加わり、それがどんどん優位性を持つようになり、現在に至っているようにみえます。たとえば、「チンギス・ハーンの末裔」のように、選択が遺伝子変異によって起きたのでなくても、数百年間に、特定の集団が子孫を増やしてしまうこともあることがわかります。

そして、この「社会的な選択」は、個人の尊厳を重視する近代社会では、本来的な人間の「あるべき姿」を阻害し、人々の不幸と悩みを招いています。そして、「進歩」があらたな社会問題を生じさせ、現代人の不幸をもたらしてしまっていることは、ルソーの時代より、もっと深刻な状態になっています。

ルソーの「自然に帰れ」という叫びは、ギリシア時代から、そしてルネッサンスの時代から、人間の歴史の中で繰り返されて叫ばれてきたものであり、自らのゲノムを読了した二一世紀の人間は、この厳然たる生物学的事実をもとにして、もういちど「自然に帰る」とは何かを、問い直してみる必要があるでしょう。

## 自然法の二つの原理

ルソーは、『人間不平等起源論』で、「うそつきだらけの人間たちが書いた歴史から読みとったものではなく、決してうそをつくことのない自然の中から読みとったもの」として、「人間の歴史」を書きたいと願ったのです。それは、「自然が語ることはすべて真実」であり、もし間違っているとすれば、それは知らずに自分の意見を持ちこんだからであって「人間の魂の原初的で最も素朴な働き」を調べることができれば、新しい「自然法の原理」が提示できると考えたのです。

彼の「自然法の原理」は二つの原理で構成されていて、一つは、「人間は誰しも自らの幸福と自己保存を望むこと」であり、もう一つは、「人間は誰もが他者の苦しみに哀れみの情を感じるものだ」ということです。このうち、彼が「自然法の第一原理」とした「自己保存の原理」は、それまでの哲学者も「自然権」として提起していたものであり、いってみれば、動物まで含めた「生きものに共通に存在する自然の法則」に近いともいえるものです。

「第二の原理」は、ルソー独自のものといえるものであり、「人間の他者への愛」という「自然な愛情のあり方」を示すものであるとともに、一種の倫理的な意味も備えているといえます。

すなわち、「人間は他者に害を加えられることに耐えられないもの」であり、それゆえ、「他者に害を加えてはならない、あるいは他者が害を加えられることを放置してはならない」という義務の観念、または、さらに進むと法の概念を伴うことになります。そして、この自然法は動物にも適応されるべきものであり、動物は人間によって無闇に虐待されない権利を持つと主張します。ルソーは、この二つの原理を組み合わせることで、「自然法のすべての規則を導き出せる」としています。

そして、この原初の人間、その真の欲求、その真の義務の基本的な原則を研究すれば、必然的に、道徳的な不平等の起源や、弱い人間の抑圧、強さと弱さ、富と貧困などの違いが、叡知から生まれたものではなく、偶然の産物であることが明らかとなると考えました。それゆえ、こうした外面的なものを取り除いたゆるぎない土台を見出すことで、人間社会に対する正しい考察が生み出されるに違いないと確信したのです。

そして、「人間が誰の助けもなしに放置されていたらどうなっていたかを考えてみると、恵み深い〝神〟の手の業を感謝することを学ぶべきである」とも述べています。

## 見えざる「神」の手とミラーニューロン

ところで、言語機能に重要な働きを持つミラーニューロンの発見者であるリゾラッティは、ある総説で「人は利己的だといっても、他人の運不運に関心を持ち、それを見る喜び以外には他には何も得るものがないにもかかわらず――、それが自分にとって必要だと感じてしまう本性がある。それは、哀れみ、あるいは同情である」という英国の経済学者のアダム・スミスの『道徳感情論』の一節を引いています。これは、「人間は誰もが他者の苦しみに哀れみの情を感じるものだ」というルソーの言葉となんと似ているのでしょう。また、スミスは「サーカスで、ロープ上のダンサーを見つめている観客は、ダンサーがしようとする運動を見ながら、自然に自分自身の体をねじってバランスをとってしまう」という表現も例としてあげています。

リゾラッティは、アダム・スミスのいう「他人への同感を通しての接触のメカニズム」の神経科学的基盤がミラーニューロンメカニズムにあり、観察者が他者の振る舞いを見ることで、その振る舞いの後ろに隠された意図を理解することは、サルの神経活動としても観察されるものの、人間では、さらにその人の気持ちをも理解することができることになり、これが「同感」となると考えています。

リゾラッティは議論を進めて、ミラーニューロンの働きは、利他的行動が進化したメカニズムであるかもしれないと考えます。それを実証するのはきわめて難しいことですが、このメカニズムが利他主義の進化において少なからず基本的な役割を演じてきたと考えるのは妥当なことのように思えます。このメカニズムでは、私たちは他人の経験を自己の経験として感じることができるので、もし、他人の不幸が消滅すれば、私たちの不幸が消滅することを意味します。そして、逆に、他人の幸福を見たときには、自分も同様の感じを持つことになります。さらに、他人を幸福にするために利己的な振る舞いを利他的行動に変えて行動するようになるでしょう。その結果が、私たちを幸福にするのだといえます。

しかし、この「幸福感」というあいまいな感情表現と神経科学的基盤とのつながりはまだ明確ではないように見えます。リゾラッティは、むしろ、「幸福感」の対極にある「嫌悪感」のほうが、神経科学的基盤との対応関係がはっきりしていると考えているようです。

嫌悪感は、同種の生き物の生存のために、重要で価値がある基本的な感情の表現です。最も基本的で、原始的な形態の嫌悪感では、ものを食べて苦味を感じたときや、嫌なにおいをかいだときには、思わず顔がゆがんでしまい、同時に、その食物は毒を含んでいるか、腐敗しているか、いずれにしても生命にとって危険な徴候を含んでいる可能性が高いのです。そして、重要なことは、脳画像解析から、嫌なにおいをかいだときに活性化した脳領域とおなじ領域が、嫌なにおいをかいだ他者の顔を見たときにも活性化するということです。こうして、お互いの間での感情の絆ができることになり、結果として他者に危険を回避させることができることになるでしょう。

さて、スミスは、他人の感情や行為の適切性を判断する心の作用を「同感」と定義しています。人間は他人の視線を意識し、他人に「同感」を持ち、また、他人から「同感」を得られるように行動する。「同感」を得られるように行動することは「慈恵」に通じ、「同感」を得られない行動を禁止することは「正義」に通じる。そして、この「同感」という感情をもとにして、人は具体的な誰かの視線ではなく、「公平な観察者」の視線を意識するようになり、自分の感情や行為がその観察者から称賛されるか、少なくとも非難されないように努力するようになります。そして、これが「社会秩序を導く人間の本性」だと主張します。

スミスはさらに、「社会秩序」とは「自然の特別で愛情に満ちた配慮」であり、この場合の「自然」とは、主としての人類の保存と繁栄を促す「自然の摂理」であり、「社会秩序」はこのような「自然」によって意図されたものであり、人間は「自然」の見えざる「神の」手に導かれて行動するにすぎないと主張するのです。

「公平な観察者」の概念は「道徳観」として、社会的には「正義」から「律法」へと発展し、人間の内面的側面としては、「神」の概念につながったのかもしれません。

リゾラッティは、マタイによる福音書の七章一二節の「だから、何事でも人々からしてほしいと望むことは、人々にもそのとおりにせよ。これが律法であり預言者である」という「黄金律」は、他の多くの文化でも共通に存在しているものだといいます。そして、このことは、同じように、すべての個人の基本的で固有の生物学的メカニズムを肯定できる側面としてとらえ、生物学的メカニズムに存在している他の否定的な面を取り除く倫理的な標準を与えるのに貢献してきたことを示しているともいえるのです。

## 生きものは利己的か

ルソーとアダム・スミスの思想の原点となる「生きものに共通に存在する自然の法則」による二つの原理、「自己保存の原理」と「他者への愛」を、先に紹介した生きものの二つの原理と比べて考えてみたいと思います。

リチャード・ドーキンスは、『利己的な遺伝子』で、「連綿と生きつづけていくのは遺伝子であって、個人や個体はその遺伝子の乗りものであり、遺伝子に操られたロボットにすぎない」と主張しました。

「すべての生きものが共通に使っている遺伝暗号の総体としての遺伝子」は「自己保存の原理」の本体といえるものであり、まさに利己的に振る舞います。しかし、利己的遺伝子は、「細胞という乗り物」に乗ってはじめて、その利己性を発揮できるのであって、いかに細胞を操ろうと、細胞は必ずしも単純な乗り物ではなく、「細胞の利己性」もありうるのであって、

「遺伝子」と「細胞」という、それぞれの利己性がお互いの葛藤の上に統合されたものが、「生きもの」として成り立っていると考えることもできます。

たとえば、生殖細胞と体細胞の関係や、組織の幹細胞とそれを取り巻くニッチの細胞の役割をみれば、「それを見る喜び以外には他には何も得るものがないにもかかわらず、それが自分にとって必要だと感じてしまう本性」としての「人間の他者への愛」に相当する細胞の働きがあることがよくわかります。赤ちゃんが誕生したときには、両親とともに、その体の細胞も拍手喝采をしているかもしれません。

つまり、「生きもの」の根本的な二つの原理の中にも、ルソーとアダム・スミスが主張する「生きものに共通に存在する自然の法則」による二つの原理、「自己保存の原理」と「他者への愛」が生き生きと働いているといえるのではないかと考えますが、この点は、今後、もっと実証的な考察を進めてみたいと考えています。

## 自然法と「神」の手

ルソーの『人間不平等起源論』は、その後の『社会契約論』に発展しました。そして人民に主権があるという主張はのちのフランス革命を導くことになります。一方、そのわずか四年後の一七五九年に出版されたアダム・スミスの『道徳感情論』は、さらに『国富論』に発展し、経済成長率を高めて豊かで強い国を作る経済政策の提唱に向かいました。これらは見掛け上違った方向に向かったように見えます。

スミスは、利己心にもとづく個人の利益追求行動が、この「見えざる手」によって社会全体の経済的利益に結びつけるメカニズムとなると提唱したと解釈されていますが、『道徳感情論』の主張の延長線上で考えれば修正を必要とするという見解もあります（堂目卓生著『アダム・スミス――道徳感情論と国富論の世界』）。

この二つの著書は、ともに自然法にそった人間の本性が人類の幸福をもたらすという点で、非常に似ているように思えます。

いずれにしても、この「生きものに共通に存在する自然の法則」は、現代のわれわれの社会に照らし合わせてみると、現代社会が抱えている根源的な課題を整理し、「人類の幸福」を達成するための解決の糸口を探るのに役立つのではないでしょうか。

# 第10章　言葉のその後の進化

## 二つの遺伝子の加速進化は、ヒトに言葉をつくりださせたか？

さて、ヒトから人間への進化にとって、言葉はきわめて重要であり、その起源がどのような「生きものとしての人間」によってできあがったかは未知のままです。

第一部では、現代人に至るまでの進化の道筋を見てきましたが、とくに、脳の大きさ（頭蓋の大きさと脳細胞の量）の増大が、ヒトに向かう経路で著しく加速進化したこと、そして、脳細胞の分裂を増やし、その量の増大を促すミクロセファリン遺伝子は現代人に至っても、まだ進化を続けていることを示してきました。さらに、大きな脳の活動を支えるために必要となるエネルギーを確保するために、ヒトは他の動物と比べて火を使うなど格段に食物からの栄養源確保を向上させ、それに伴って代謝系の遺伝子の進化も進めてきたことも紹介しました。

第二部では、言葉の遺伝子ＦＯＸＰ２が、ヒトに特異的な変異を起こし、その変異が脳構造の発達に大きな変化をもたらし、加速進化をしたことによって、ヒトが言語機能を飛躍的に進化させるのに役立ったことを説明しました。

ここで説明したミクロセファリンとＦＯＸＰ２という二つ遺伝子の進化を手掛かりとして、ヒトが言葉を話せるようになる進化の過程について想像力をたくましくしてみましょう。

ミクロセファリン遺伝子の進化によって、脳細胞の増殖度が増して脳の大きさが増大しますが、一方で頭蓋の大きさが限界となったとき、脳細胞は狭い空間に混み合って集合して神経ネットワークはより複雑になり、高度の情報処理が可能になります。一方で、ヒト特有の突然変異が起きて、ヒト型ＦＯＸＰ２遺伝子ができると、脳構造の細部の構造の再編が起き、言語機能に関係する神経ネットワークがより正確で高性能になります。

アフリカに住む古代のヒトのある集団に、一人のヒト型ＦＯＸＰ２遺伝子をもった子供が生まれたと仮定しましょう。この新生児は泣き声による母親に対する要求がうまくて、発育も良好です。すくすくと育った子供は、狩りや食物採集でも、より高度の発声機能を持っているため、仲間への呼びかけがうまくできるので、彼のいる部族は、狩猟採集民として他の部族より優れた集団となります。また、彼ひとりがうまい呼びかけをするだけでなく、進化した遺伝子を持たない周りの仲間も、彼の発声をまねるよう努力しはじめ、あるものは同じ呼びかけができるようになるかもしれません。その結果、社会的活動も進み、集団で獲物を得ることもたやすくなります。そして、食物を得る能力が飛躍的に強まり、彼らの脳の活動を支えるエネルギーの確保も高まります。こうして、彼がいる集団は部族として安定的に広がり、その中で、彼の子孫も増えてゆきます。

この集団内部では、お互いの交信の質が向上し、始原的な「言葉」が生まれ始めます。この「言葉」の持つ意味の重要性が高まってゆくと、彼の子孫たちは集団内部で重用され、その子孫はますます増えてゆくようになります。やがて、彼の子孫を多く含む集団の一部族が、あるとき、意図を持ってアフリカ大陸から世界中に向けて旅立ったのかもしれません。アダムとイブは、この二つの遺伝子を持った子供の子孫だったのです。

このような想像はあながちでたらめではなく、その部分部分を証明することも可能な仮説と考えることができます。つまり、二つの遺伝子を特定したことで、言語機能についての仮説を立てて、脳の生理機能や考古学的な進化の道筋と合わせて合理的なメカニズムを解き明かすことができるのです。「想像」は「創造」の源ともいえますが、これは単なる日本語の語呂あわせではなく、科学研究では重要なことであり、今後のこの領域の研究の進展は目を離せません。

## 文字の発明

本書では、これまで「言語機能」として「話し言葉」を中心にまとめてきました。話し言葉は、世界中いたるところで発生し、地域ごと、人類集団ごとに「現地語」が成立してゆきます。この現地語は、インド＝ヨーロッパ語などのように祖語から派生していったものもありますが、それぞれ独立にできあがったものが多く、あまりに多様であり、お互いの交信はそれぞれの集団に限定されていました。しかし、「書き言葉」ができたことによって、やがて「普遍語」へと進化し、「文明の言葉」となっていったのです。

現代の言語を語る時に「書き言葉」は重要であり、文字のことを外すわけにはゆきません。しかし、化石の記録や遺伝子進化のうえからは、ヒトの生理機能と直接結びついている「言語機能」とちがって、ヒトから離れて存在する文字については生物学的な進化の立場から追跡することはほとんど不可能です。文字を発明してきた人間の姿には大きな興味を持ちますが、本書ではこれまでまったく触れませんでした。

言語機能は交信に重点がありますので、身振りと同じように、「かたち」を表現する「文字」ができあがってきたことは、象形文字が成立してゆく過程を見ればよくわかります。

一方で、「話し言葉」が、自身の認知機能や運動機能を駆使して必死に発声表現をしている状態では、自身が発している言葉の意味や抽象的な概念などを並行してフィードバックして考える作業は、途方もなく難しい能力を必要とするので、現代の複雑な言葉にまで進化するのは容易なことではありません。

『古事記』は、稗田阿礼が記憶していたものを太安万侶が筆録して編集したといわれています。古代の人々も「言葉」を記憶する能力を養っていたでしょうが、記憶力には限界があり、文字を使うことで、記憶は記録として保存できるようになりました。

こうして、文字を使って記録して表現した言葉は、自身から離れた外部の対象物として観察することができるという意味で、生理的な機能の上からも違う能力を使うことになります。つまり、「言語機能」に、「文字を読むこと」と「文字を書くこと」が加わります。その生理的機能については、現代の脳画像解析などで分析が進行中ですが、この新たな「言語機能」の進化の過程については、未知の領域といえます。

## 「話し言葉」から「読まれるべき言葉」へ

書き言葉が文明の発展に貢献し、歴史のうえで果たした役割は計りしれません。以下は、最近刊行された水森美苗氏の『日本語が亡びるとき』に触発されて、筆者なりにまとめたものです。

普遍語は、「読まれるべき言葉」である聖典とともに広がったとされています。ギリシア哲学や世界三大宗教の「聖なる言語」が読まれるべき言葉としてより高い叡智を求める人々に拡がってゆきます。ヨーロッパでは、ギリシア語が、そしてやがてラテン語がこの役割を持ち、とくに普遍性を重んじる「学問の言葉」や自然科学の言葉はラテン語でつくられていったのです。ガリレオもコペルニクスもニュートンもラテン語で書いていたのです。モンテーニュ以前の知識人は、自分自身の言葉で書物を書かず、それまで書かれた聖典の引用で文章を書いたといわれています。今でいうコピペして宿題の解答文を作成している学生に等しいといえます。

しかしこの間は、一部の知識人たちが現地語の話し言葉と普遍語の二重言語を使っていたのを除けば、ほとんどの人々は話し言葉だけを使っていたのです。

## 言葉が国家を作った

現在、われわれは日本語、英語のような「国語」が当たり前と思っていますが、この国語が成立したのは、そんなに昔のことではないのです。国語と結びついている「国家」「国民」もさまざまな歴史的な力が交差する中でできあがったのですが、ベネディクト・アンダーソンは「国家」を「想像の共同体」と呼び、その形成に言語、とくに「書き言葉」が果たした役割が大きいと主張しています。

一五世紀後半にグーテンベルグが活版印刷機を発明し、そのころのヨーロッパで発達しはじめた資本主義の市場原理によって、ラテン語の聖書が普及してゆき、さらに現地語の話し言葉を使った聖書が普及してゆくことによって、現地語と普遍語との融合と拡大が進んだのです。

宗教改革で有名なマルチン・ルターはドイツ語で聖書を刊行し、今でいうベストセラー作家になります。この間、二重言語者である知識人たちは、普遍語を現地語に翻訳してゆき、やがて普遍性を備えた現地語が「公用語」となってゆきます。この普遍性を共有できるようになった現地語を話している集団は普遍性を共有するようになり、とくにお互いの別の結びつきがあるわけでもないのに、「想像上の共同体」を共有することで「国家」ができあがったというのです。

これによって、ルソーはフランス語で、アダム・スミスやシェイクスピアは英語でものを書くことができるようになったのです。また、「学問の言葉」で語られていた「人間とは何か」「いかに生きるべきか」のような叡智に満ちた言葉は、それまで一部の知識人や専門家に独占されていた「学問の言葉」から「文学の言葉」に移ってゆくことで、一般に広まっていったといいます。
しかし、このような国家の成立は力関係も大きく、植民地支配を受けた国々では、今でも公用語と現地語が乖離しているところが多くあります。これは単なる力関係だけでなく、普遍語を受け入れる文明的な土壌も必要であったことを意味しています。

## 日本語の成立

日本で現在用いている「日本語」が普遍語として出来上がったのは、明治維新のころです。日本の地域の古代の人々がどんな言葉で話していたかはよくわかりませんが、大野晋は、現在の日本語の単語の中に、タミル語と似ているものが多く、特に農耕文化で稲作と関係した単語や鉄器などの道具に関係した単語の語源が同じであり、インドを経由してきた古代人の言葉が日本の言葉の中に浸透していた形跡があると主張しています（大野晋『日本語の源流を求めて』）。

その後の日本では、支配階級は漢語と現地語の二重言語を使いこなし、漢字と、ある時期から作り出されたひらがなを融合させた言語が成り立っていました。平安時代にひらがなで書かれた『源氏物語』は世界で最も古い普遍性を持った小説であり、この時期の日本は、すでに普遍性を持った言葉を持っていたことになります。

明治時代には、特に社会体制や自然科学の発展を受け入れるための普遍語である西洋語を翻訳して組み入れることで、「普遍語としての日本語」を成立させましたが、これには十分に文明的な土壌があったことが大きく貢献しています。この翻訳には明治の知識人の努力の跡があり、とくに歴史的に漢字を使いこなしていたことによって普遍語を日本語に無理なく変換することに役立ったようです。

**ダーウィンの natural selection は、「自然な淘汰」と解釈された**

とはいえ翻訳事業にはそれなりの混乱もありました。「自然」という言葉は、今では nature の翻訳語として定着していますが、これが日本語の翻訳語となるには結構な苦労があったようです（柳父章『翻訳語成立事情』岩波新書）。

もともと、日本語では、「自然に」（ありのまま、おのずから）という形容的な使いかたと、いわゆる「自然科学」の「自然」、つまり、宇宙や天然の姿、物質世界を示す言葉と二つの使いかたがありましたが、科学的用語としての「自然」より、「自然に」の使い方が一般的にはよく受け入れられていたようです。

そのためか、フランスの文学運動としての「自然主義文学」は、エミール・ゾラが、クロード・ベルナールが『実験医学序説』で医学実験を根拠とする実証的な医学の必要性を説いたのに感銘を受けて、文学も「自然科学」の方法にならって小説を描こうと主張したものですが、日本ではこれを、岩本善治が「自然のままに自然をうつして書く」と解釈し、ドイツに留学した医学者であり文学者でもあった森鷗外は、自然のままに自然をうつしたものは「自然科学」であって、文学や哲学は「自然」とは別の「精神」をうつすものだ、と主張し、お互いが論争したのです。ここには、「自然」と「自然の」の意味するところの違いが表れています。

同様に、明治一〇年ごろには、ダーウィンの進化論の「自然淘汰」は思想界で流行語となっていたといいます。ここでは、natural selection は「自然な淘汰」「おのずからの淘汰」と解釈されていて、「自然」による選択とは解釈していなかったのです。このために誤解が生じ、進歩派のチャンピオンであった加藤弘之は、ダーウィンの進化論を借りて、社会や歴史における「優勝劣敗」が「自然な淘汰」によるものだと主張し、明治国家体制の代弁者に転換したといわれています。

また、liberty や freedom に相当する訳語として使われた「自由」は、今でいう「自由を履き違えている」というような悪い意味での言葉として使われていて、あまりよくない訳語だと思っていた人が多かったようです。

福沢諭吉は、『福翁自伝』のなかで、経済書を徳川幕府の御勘定方の役人のために翻訳して解説するのに、competitionを「競争」という言葉に翻訳して話したところ、「ここに争いという字があるが、これはどうも穏やかではない」といい、「とてもきつい表現で御老中方に御覧に入れることはできない」といったと記述していますが、今の経済情勢を考えると、含蓄のあるやりとりではないでしょうか。

いずれにしても、翻訳によって普遍語が成立するまでには、それぞれの言葉がもつ文明的背景が関わっていて、誤解を招きながら、あるいは気に入らないまま使っているうちに、いつの間にか当たり前の言葉として通用するように変わってゆきます。この原則は、案外、原始的な言葉の成立においても同じであったかもしれません。

## 日本語は亡びるか

言葉は本来的に交信がその基本ですので、現代のようなグローバル社会では、世界の共通言語のほうが便利であり、インターネットの普及とともに、英語の世界共通語としての役割が強まり、水森氏が嘆くように、フランス語も、日本語も亡びてしまいそうです。

しかし、交信が意味をもつためには、お互い高い知的水準を保つことが求められますが、日本人は現地語でしか考えられないのですから、日本語もフランス語も、亡びさせるわけにはゆきません。

普遍性を最も重んじる自然科学では、世界中の科学者は研究成果を英語の論文として発表することで、初めてその発見を認知されます。日本の研究者は、日本語で考えをまとめたうえで、英語として論文を公表しなくてはならないので、研究者としての能力が優れていたとしても、他の研究者の英語の論文を読めて、自分の成果を書くことができなければ、多くの研究領域で職業研究者として自立することはなかなか難しいのが現実ですが、だからといって、研究者の質が落ちてしまうことはありません。

遺伝子の進化では、集団が均質化すると弱くなり、亡びてゆくのが運命ですので、多様性を保つことが大切です。現地語を含む同一の文化習俗を有する集団として認識されるエスニック・グループには滅びてしまったものもありますが、世界全体としてはこの多様性を残したまま、文明の発達に貢献しています。

文明は生物学的に見ても、多様性を発達させながら進化してきたのであり、だとすれば、現地語としての日本語も亡びないと信じますが、もし亡びたとしても、その影響が集団の中で認められるようになるのは、「チンギス・ハーンの末裔」で示したように、かなりの年代を要するのです。

## 「ことば」と「人間」との相克

普遍語あるいは公用語としての「国語」ができあがってゆく過程を見ると、もともとの話し言葉は入り乱れて大きく変化してしまい、その変化に法則性がないので、遺伝子解析から進化の系統樹を作ったように追跡するのは極めて難しくなっています。

それに加えて、交信の手段として開発された「話し言葉」が、体から離れた外部の対象物となったことによって、「言葉」は「言葉の論理」によって独り歩きしてゆき、「言葉の論理」を使うことで、自身を外から見るという認識論の上でも大きな役割を果たしたのでしょう。

やがて聖書の「はじめにことばありき」のように、「ことば」が人間を束縛するようになります。ちなみに、ここでの「ことば」はギリシア語の「ロゴス」であり、「論理」「理論」「理性」をも意味した広がりのある単語だということですが、これを「ことば」と訳すところに、「ことば」の重みがあります。

そして、「ことば」は人々に普遍的な世界観をもたせ、文明の発達に大きく貢献してきたのですが、一方で、「言葉」が独り歩きして、からだから乖離したことで、その相克が生まれます。

## ふたたびゴーギャンの絵

「言葉」が体から乖離した状態とは、「言葉を知らなかった野蛮人」と、「言葉にこそ意味を見出す文明人」との間の相克といえるでしょう。「野蛮なものの中に芸術の宝庫を見出し、自ら野蛮人でありたいと願いながら、死ぬまで文明人であって、野蛮人の幸福を手に入れることができなかったゴーギャンの悲劇」（福永武彦『ゴーギャンの世界』）が、彼の遺作である「われわれはどこから来たのか、われわれは何者か、われわれはどこへ行くのか」に如実に表現されています。

彼は、この作品を描く前に、自殺を試みますが失敗します。彼は、自分の自殺とこの作品についていくつか手紙を残していますが、「私はこの絵が今までのあらゆる作品よりも価値のあるものであり、この後もこれ以上のもの、これに匹敵するものを作り得ないだろう」という自負の念を語り、作品の意図を以下のように説明しています。

「これは、小屋の前で、私が夢想に耽る時、自然全体を表すものとして、心に浮かんだので、私たちのプリミティブな魂の象徴であり、また私たち人間が、おのれの起源や未来の不可思議さを前にして感じる漠としたもの、理解しがたいものを表しているゆえ、私たちの苦悩の、想像上のなぐさめともなるものなのです。――――夢想から覚め、仕事を終えると、私は、自分に言って聞かせます。われわれは何処から来たのか？　われわれとは何者なのか？　われわれは何処へゆくのか？　おわかりですか。描象的な言葉にせよ、具体的な言葉にせよ、とにかく辞書の中にある言葉を理解したところで、無駄なのです。私はもはや言葉を絵では表現しません。私は文学的な表現に少しもたよらず、できるだけ単純な技法を用いて、暗示的な構図の中に、私の夢を表現しようとしたのです」

「われわれは何処へ行くか？　一人の老婆の死の際に、一羽の異様な、愚かしい鳥が結論を下す。われわれは何者なのか？　日々の生活。本能的な人間は、これらすべては、いったい何を意味するかを自問する」「われわれは何処から来たか？　泉、子供。共同生活」「鳥は、題名が示しているようなこの大問題の全体にわたり、知的な存在と下等な存在を比較して、詩に結論をつけている」と述べています。

ゴーギャンの三つの質問は一体化したものとして、その作品に表現されていて、ゴーギャン自身の「死」と引き換えに、その「魂の表現としての絵」を永遠に生かしているといえます。「人が死ぬ」という「個体の死」には、「死後の世界」もなく、人がそれを認識できることなどありえず、死はそのまま生き物から無生物、つまり物質に変換してしまうだけです。人は「死」をもって、「生きものという秩序の世界」から「物質の無秩序の世界」に移ったことになるように思えるかもしれませんが、必ずしもそうではありません。

それは、これら化学物質の一部は、大気中に拡散し、植物の炭酸同化作用により、アルプスのエーデルワイスに取り込まれることもあるし、これを食べたウサギに取り込まれてゆくかもしれないので、それらを「生まれ変わる」というならそれも正しいことではありますし、「輪廻転生」と考えることもできるでしょう。つまり、生体物質は生態系を通じて繰り返して別の生命体にとりこまれるので、死後も、生態系全体の中で「生きものという秩序の世界」の中に「生き続けている」ともいえるのです。

## 私は、とにかく「原子の運動」を自然法則に従って制御する人間である

しかし、個人は自己の死を現実に大きなものとして受け止め、多くの哲学者は、この「死」の対極としての「生きている人間」の真の姿を必死に探し求めてきました。文明人は「言葉」とともにできた「自己認識」と「意識的であること」を「人間本来の姿」と受け止めているに違いありません。

この「自己認識」は、ヒト以外の動物でも自己認識能を持っていると主張する研究者もいるものの、おそらくヒトにのみ、顕著な形で芽生えたものであり、地球上の生命の歴史のうえで

は、つい最近できあがったものです。

また「意識的であること」は「生命科学」の上からはまだ手に負えないのですが、ここでは、著名な物理学者シュレディンガーの「物理学的（？）人間像」を紹介するにとどめておきます。

彼は『生命とは何か』という著書で、「生きている生物の時間・空間的現象は、その生物の心の働きや自覚的な活動であっても、とにかく統計的＝決定論的であり」、「これを事実と見なすと、直接の体験はいかに多種多様であり、互いに異なっているように見えても、それ自体が互いに矛盾することは論理的にありえない」として、互いに矛盾しない正しい唯一の人間像は、「私は、とにかく〝原子の運動〟を自然法則に従って制御する人間である」ということだと言っています。

そしてこのような洞察は、約二五〇〇年前の古代インド哲学の聖典ウパニシャッドの時代の、〝人は天と一致する〟（梵我一如）という、インドの哲学思想ですでに認識していたものと同じだといっています。

これは、「自我」の意識は、複数の形で同時に二つ以上感じることはなく、常に単数の形でのみ経験されるものであり、同時に二つの自我意識は考えられないという直接の体験を固守すればよいといっています。

ある子供が「怖いお父さん」が嫌いで、母親に、「どうしてもっと優しいお父さんと結婚してくれなかったのか」と聞いたとします。しかし、もしこのお母さんが別の優しい男性と結婚して子供が生まれたとしても、それは別の「わたし」であって、いま「わたし」が認識している「わたし」自身はこの世に存在していないことになります。しかし、別の「わたし」が認識している「世界」も、「わたし」が認識している「世界」も何の違いもなく「存在」していて、もしどちらの「わたし」がこの世からいなくなったとしても、まったく変わりなく「存在」しているという厳然たる事実を、現代のすべての人々は間違いなく信じています。しかし、同時に、この「わたし」にとって存在する「世界」は、「わたし」だけのものであり、別の「わたし」では意味を持たないと感じてもいるのです。

そして、このヒトが人間になってゆく過程での哲学的な思考は、「意識を単一の存在とみる考え方に従えば、私には私の樹木が見え、君には君のものが見えるのであり、その樹木そのものの自体が何であるかわれわれにはわからないというようなとんでもない行き過ぎたカントの考え方」(シュレディンガー前掲書)は、「言語の論理」のみで作り上げられたものであって、「本来の人間」とはかけ離れてしまったものになっていますが、「懐疑」に対して「言語の論理」をもって問題を解決してゆく方法論である哲学が、これまでの「人間」の考察に役立ってきたことは間違いありません。

個人の「生命としての死」は超えられない宿命としても、集団としての生命体の永続性を人は信じて疑わなかったのですが、持続可能な人間の未来が可能かについては、疑義が出始めています。そこで、最後に、簡単にこの問題に触れてみたいと思います。

# 第11章　持続可能な人間の未来を求めて

## 人類はどこまで増えるのか

およそ一〇万年前にアフリカから出発した人類は、地球上に広がりながら人口を増やしてゆき、現在では、地球上の総人口はおよそ六〇億人となっています。とくに、二〇世紀の一〇〇年間に、世界人口は約四四億人増加したと考えられています。

ダーウィンは、『種の起源』で、生物の繁殖力はすさまじいので、そのまま行けば地球上にすぐに生き物が溢れてしまうが、これを抑える力として「生存闘争」があると考えていたようですが、この発想のもととなったのは、『人口論』の著者のマルサスだったと述べています。マルサスは、人類の人口増加のスピードが急激であり、近い将来深刻な事態になると危惧し、しかし、戦争や飢餓や伝染病など負の作用のおかげで、人口爆発は起きないと考えていたようです。しかし、このマルサスの危惧は、本当のものになってしまいました。

人口爆発とは、二〇世紀、とくにその後半の五〇年間に、開発途上国の多くで起きた急激な人口増加を指しますが、現在でも一年に約七六〇〇万人の割合で、地球上には人間が増えつづけていて、その大半を占める約七三〇〇万人の増加は、開発途上国での増加に偏っています。これは、出生率と死亡率の急激な変化によるものであり、子供を多く産む傾向がそれ以前と変わらないまま、保健医療などのサービスがある程度改善されたために、死亡率が大幅に減少し、結果として人口が急速に増えてきたことによるのです。

とはいっても、ユニセフの発表によれば、開発途上国では五歳までに命を失う子供のうち、六九%が一歳未満だといいます。汚れた水での下痢性疾患や、十分に食事をとれないことによる栄養不良などにより、実に年間六〇〇万もの小さな命が失われていることは忘れてはなりません。

## 食糧の生産量は十分に六〇億の人口を養うことができる

人類の歴史は、いかに食糧を確保するかという飢餓との闘いだったといってもよいでしょう。

農業が始まるまで、人類は狩猟採集民として動物を狩り、魚介類を採集し、果物や種を求めて地球上をさまよってきましたが、この時期には、ほかの動物と同様に、人類の総体の数は自然によって供給される食糧の量に依存していたといえます。

農業が発達すると、計画的な食料の生産が可能となり、人口増加の速度は上昇してゆき、それによって農業地帯に人口が集中して都市が形成されるとともに社会体制の整備が進み、工業的な技術が発達し、都市文明が発展してきました。

人類は食料を計画的に生産できるようになったといっても、現代においても食糧問題は完全に解決できているわけではありません。

二〇〇八年の穀物総生産量は過去最高の約二一億トン以上(国連食糧農業機関の予測)が見込まれていて、これは、全世界の人々が一人当たり年間約三二五キログラム消費できる量にあたります。しかも、この量は、一人当たり一年間の標準必要穀物量一八〇キログラムのほぼ倍に当たりますので、世界的には十分な量の穀物生産があることになり、さらに、六年前と比べて、一人当たりの量でも、約二〇キログラム増加していることになります。つまり、人口爆発がある程度進んでも、しばらくの間は、食糧危機は起きない計算になります。

にもかかわらず、世界中では、飢餓に追い込まれる人々が増え続けていて、その理由の多くは、食糧価格の急騰によるものです。食糧価格は過去三年で世界平均八三%上昇し、穀物輸出国が自国民の食を守るために輸出規制や輸出禁止を行うため、そのあおりを受けた国では食料不足が目立つようになり、暴動やデモが続発する事態になっている国も多いのです。

この食糧価格の高騰の原因としては、地球の温暖化も関係した気候の変化による収穫量の減少や旱魃などの自然災害などがあります。また、インドや中国などの新興国の経済発展による食糧需要の増大も大きな要因といわれています。食生活の西洋化が起きたことも一因です。

それに加えて、米国では、石油の代替エネルギーとしてトウモロコシを原料としたバイオエタノールの消費拡大が打ち出され、大豆畑などがトウモロコシ畑へと転作されました。その結果、穀物生産量は確かに増加したのですが、バイオ燃料としての需要が急激に増えたことで、食用の穀物もろとも価格の高騰が起きてしまったのです。

日本は、カロリーベースの自給率が四〇％という工業先進国の中で最低ラインの食糧自給率であり、世界最大の穀物輸入国となっています（二〇〇八年農水省発表）が、輸入量の三分の一にあたる量を捨てていると報告されています。

したがって、食糧問題は生産量を上げるだけではなく、需要に見合う公正な分配ができるような世界的な政策が必要です。

## 遺伝子組換え作物は安全で有効な作物である

遺伝子組換え作物は、商業的に栽培されている作物種に遺伝子操作を行い、新たな遺伝子を導入して発現させたり、内在性の遺伝子の発現を促進／抑制することにより、新たな形質が付与された作物種です。

「農業の始まり」で詳しく説明したように、人間は一万年前から、野生の植物を改良して、今の作物種を作り上げてきましたが、これは、長い間の交配実験の繰り返しによる遺伝子組換え実験の歴史的な積み上げによるものといってもよいものです。そして、ゲノム科学の発展で遺伝子の操作が可能になり、飛躍的に速い速度で、意図的に優れた品種を作り出すことができるようになったのです。これは品種改良の画期的な技術といえます。

食用の遺伝子組換え作物では、除草剤耐性、病害虫耐性、貯蔵性増大など、生産性の向上を重視するものや、食物の成分を改変することによって栄養価を高めたり有害物質を減少させたり、医薬品として利用できたりするものなど、消費者にとっての直接的な利益を重視した開発が進んでいます。遺伝子組換え作物の作付面積は、二〇〇八年現在で、全世界の大豆で七〇％、トウモロコシで二四％、ワタで四六％になっていて、日本の輸入穀類の半量はすでに遺伝子組換え作物であるという推定もあるようです。

しかし、日本では、相変わらず遺伝子組換え食品に対する感情的な反対論が強いようですが、組換え食品がとくに安全でないという主張は、まったく科学的な根拠を持っていないので、消費者に正しい知識を与えることが必要です。

また、遺伝子組換え作物を開発したり栽培したりすることについても反対が多く、種子を企業や国家が独占するなどの経済的、社会的な問題を別にすれば、とくに生態系への影響についての反対が多いようです。

現在栽培されている作物種のほとんどは、野生種から人間の目的に適合するような遺伝子変化をしたものを選択した結果であり、元の野生種と比べると、人工的な耕作地で雑草を除いたり肥料を与えたりといった手厚い栽培管理のもとではじめて生存できるような格段に弱い植物となってしまっています。

田んぼや野菜の栽培地の近くの野原や広場に、稲や麦、トウモロコシや大豆、ナスやトマトなどの野菜がはびこって困るというようなことをほとんど見たことがないのは、作物種が極端に弱い繁殖力しかもたないからです。したがって、これをもとにして作製された組換え大豆や組換えトウモロコシも同じ運命にあります。生態学的な危険性は既存の作物種と同じか、必要があれば、さらに低くすることも可能です。

もう一つ、生物学的な問題からは、作付面積で同一の作物がほとんどを占めるようになる危険性がありますが、これは、元の作物種でも同じことです。この点については、野生種に近いものから、多様な作物種を保存し、将来起きる気象変動や、予測できない病虫害の発生にともなう問題を回避できるようにしておく必要があります。

また、病虫害や除草剤に耐性のある作物は、高い農業技術をもたず、手厚い栽培管理ができないような発展途上国などの農業には必須であり、食糧問題の解決に有用なものと考えられます。

## 食糧生産に欠かせない水資源

日本で生活しているわれわれは、特定の地域の渇水期でもなければ、水の不足を生活体験として持っていない人が多いでしょう。しかし、水には多様な需要があり、これを正しく分析すると、日本も決して水が十分だと安心してはいられないのです。

「二一世紀は水の世紀である」とも言われていますが、それは、世界中には水不足による貧困、不衛生状態、病気などに悩む地域があり、今後想定される人口の増加が、結果としてさらなる水資源需要の増大につながると懸念されるからです。

都市生活で必要とする直接的な生活用水としての需要の増大だけではなく、食糧生産、とくに穀物栽培（これには、畜産動物の飼料用穀物も含まれますが）のための水需要の増加が大きな問題です。

今世紀の水需要予測においては、これまでのような人口増加や経済発展に伴う水利用の増加の推定に加えて、温暖化を考慮した気候モデルによる計算なども必要となってきています。こうした気候モデルでは、グローバルに見ると、降水量、流出量が増えるため、温暖化が生じたほうが将来の水不足は緩和される結果となっているものがありますが、これは地域による差もあり、さらに細かい地理的分布やその精度を増すような研究が望まれます。

今後長期的な人口減少が起きると予測される日本では、農業用水、工業用水の需要は低下あるいは横ばいで、長期的に需要が増大することはないとされています。しかし、日本は海外からの物資の輸入に大幅に頼っており、間接的に海外の水資源を消費しているので、こうした「仮想水」の需要も、水不足という観点からは見過ごせない問題となっています。

灌漑により穀物を生産するとき、精米後の米一キログラムを作るのに約八トン、小麦粉一キログラムには四トン以上の水が必要であると推定されています。飼料用穀物の栽培に使われる水を考えると、家畜の肉類では、重量比でさらにその数倍～一〇倍以上の水資源が必要であると算定されます。こうした水消費原単位の推定に基づき算定された日本が輸入している仮想水の年間総量は約一〇〇〇億トンとなり、直接的な国内での水資源利用量に匹敵しているといいます。つまり、日本の食糧自給率がカロリーベースで約四〇％とすると、食糧生産に関わる水の約半分を海外に依存していることになります。

## 田園地帯から都市部への栄養素の一方通行

現代社会は全体で見ると、都市化が進んでおり、一八〇〇年代には人々の九七％は田園地帯に住んでいましたが、二〇〇七年には、五〇％の人々（先進国では七五％）が都市部に住むようになっています。その結果として、田園地帯で生産した農産物は都市の人々に集中的に利用され、人々の栄養素として摂取されたあと、糞尿として排泄されます。しかし、この排泄物に残っていた栄養素は、田園地帯へ還元されることなく、汚水処理のもとにガス化して空中に放出されるか、または川から海洋へ流出してしまい、放出された栄養素のわずかの部分しか、田園地帯には戻ってきません。その結果、農地の土壌では微量元素がゆっくりと減少し、炭素源も使い果たされてしまいます。

さて、世界的に見ると、都会の密集地の人間の排泄物の窒素源は、年間一億ヘクタールの耕作地を肥沃にすることができるくらいの量があると計算されます。それゆえ、農業副産物と人間の排泄物を、効率的に、また安全に、田園地帯の土壌に栄養物として還元することが必要で、それなくしては、持続的な農業を達成できないと思われます。

江戸時代の日本では、人の排泄物は窒素やリンを豊富に含んだ最も重要な有機肥料として使われていました。江戸の住人たちによる排泄物の生産量は、江戸の人口をおよそ一〇〇万人とすると、おおよそ六〇万リットルから七〇万リットルの生産量になり、この下肥は、農家の人が金で買ったり野菜などの現物と交換したりしていました。江戸の糞尿の取引高の合計は八万両にも上り、農家は江戸の特定の地域や家と契約を結び、定期的に訪問して買い取っていました。江戸時代の町の住人は下肥の生産者であり、農家の人は下肥の消費者、そして農家の人は野菜など農作物の生産者で、町の人はその消費者という補完的なリサイクルシステムが成立していたのです。

このような排泄物の農業への利用は、個別的には、第二次大戦前までは続いていましたが、衛生面への配慮から、人間の糞尿は下水に流して処理するようになりました。

下水は、浄化槽、屎尿処理施設、下水処理施設で微生物によって処理されます。沈澱池で沈められた汚れや微生物のかたまりを、下水汚泥といいますが、この汚泥はかき集められた後、濃縮して発酵させ、それ以上腐らないように消化して脱水します。脱水した汚泥は焼却されて灰になったり、埋め立て処分されたり、レンガやタイルの材料にされたりして、わずかに一部が、肥料や土壌改良材として農地などに利用されているだけです。栄養素循環の観点からいえば、このような処理システムは、江戸時代のリサイクルシステムより効率が悪いのはあきらかです。このように国内の食糧事情を考えるうえでは、栄養素のリサイクルが可能な屎尿処理システムの考案も必要かもしれません。

## 化学肥料の過剰な使いかた

一方で、作物需要を満たすために作られた化学的な窒素肥料は、人間が必要とする窒素源の七倍量に相当していて、それを化学合成するのに、一一億バレルの石油に相当する年間エネルギーを費やしているといいます。

作物の栄養源としての肥料は農業生産性の重要な側面であり、窒素、リン酸、カリが三大肥料といわれ、化学肥料が用いられています。とくに、土壌の窒素の不足は大きなネックとなっていましたが、ハーバー・ボッシュ法によって、鉄を主体とした触媒上で水素と窒素を直接反応させ、アンモニアの工業生産が実現した結果、これを原料とする窒素肥料の飛躍的な増産が可能になりました。その結果、現在では、全人類が摂取するタンパク質中の窒素の三分の一は、合成肥料、つまり、ハーバー・ボッシュ法に由来する窒素で賄われているといいます。

しかし、窒素肥料を過剰に用いる農業地帯では、肥料に由来する硝酸塩が農地からしみ出て、湖沼や湾を富栄養化させ、植物プランクトンの大発生を起こし、水中を酸欠状態にして魚などほかの生きものが大きなダメージを受けたり、また、農地に残留する窒素化合物が土壌を酸性化させ、酸性化した土壌で微量栄養分が失われ、重金属が土壌から流出して飲料水などを汚染したり、さらに土壌中の細菌の働きで亜酸化窒素が大気中に放出され、結果的にオゾン層を破壊し、地球温暖化をもたらす温室効果ガスの一つにもなるという、環境への負の側面もでてきています。

一方で、アフリカなどでは肥料を投与しないため、土壌の窒素源はどんどん減少が進んでいて、農業地帯でも大きな偏りがあります。そこで、この地球上のアンバランスな窒素肥料の補給を正してゆくことが必要です。

# 第12章　エネルギー利用と地球の温暖化

## 人間のみが食物以外のエネルギーを使っている

二〇世紀の人口増加曲線は、エネルギー消費量の増加曲線に一致していることから、人口爆発はこれを支えるエネルギーに依存していると考えられています。

人間は他の生きものと違って大きなエネルギーを消費しています。他の動物もエネルギーを使いますが、ヒョウが獲物を追いかけて全速力で走るのも、小鹿が逃げ回るのも、そのエネルギー源は口から摂取する食物に含まれているエネルギー、つまり食物を体内で燃やして作りだす生体エネルギーにそのすべてを依存しています。

口から摂取する量は、ヒトも同じサイズの他の動物と基本的に同じです。しかし、日々使用している生活上のエネルギーは、現代の日本人では、体が使う分の約四〇倍も消費していることになっています。日本人のエネルギー消費量が体の一〇倍を超えたのは、高度成長経済の頃であり、ここ三〇年から四〇年の間に、日本人は急速に生活上のエネルギーを大量に使うようになったのです。

人々が口からの食物以外のエネルギーを使うようになったのは、人類が火を使えるようになってからです。寒冷化した地球でも、火を使うことで、暖をとって生存することができました。木を燃やすことから始め、やがて火でお湯を沸かし、水蒸気を発生させて蒸気機関により機械的動力を得ることで、汽車や船を走らすこともできるようになりました。

さらに、石炭、石油、天然ガスなどの化石燃料を燃やすことを覚え、これが現在のエネルギー獲得手段の中心となっています。電力エネルギーの多くも化石燃料によっているし、特に石油はガソリンエンジンの発明とともに、この一〇〇年の間に車社会を作りだし、飛行機を飛ばし、一万年もかけた長い人類の旅路を、短時間で辿ることを可能にしました。

木ぎれであれ化石燃料であれ、人間は炭素化合物を燃やすことによって熱エネルギーを取り出してきたのですが、もとをただせば、これらの燃料はすべて生物が作り出したものだといえます。

## 現在のエネルギーのほとんどは生きものが作ったもの

化石燃料は、古代の植物、動物の死骸などが堆積し地下に潜って変性して出来上がったものであり、とくに光合成を行う植物や微生物が膨大な年代をかけて地球上の炭酸ガスを固定したのちに、代謝して多様な炭素化合物、つまり有機物質を作り出した集積です。

人類が、この化石燃料を利用するようになったのは、ここ一〇〇年足らずのことですが、それ以降、エネルギーが安定に確保され、人口の増加を支えてきました。古代からの植物が、あたかも今日の人類の爆発的な人口増加を支え、その繁栄のために備蓄してくれたものであるかのようです。

このように有機物質を構成する炭素原子を中心に考えてみても、地球上に生命が誕生し進化を経つつ総体を増加させてゆく過程で、炭素原子は大気中から生命体に蓄積し、無生物状態の「無秩序の状態」から「生命体の秩序ある状態」へと変換され、生命システムのサイクルの中で、その維持と発展に貢献してきたといえます。

現在では、先に見たハーバー・ボッシュ法に由来する窒素は、全人類が摂取するタンパク質中の窒素の三分の一に達しているといいますが、これは「物質の無秩序の世界」から「生きものという秩序の世界」へと、人為的に化合物を組み入れ、この秩序を動かすだけの量を生産した唯一の例かもしれません。

しかし、熱力学的に言えば、この生物進化過程では、炭素原子はエンタルピーを低下させてきたともいえ、その意味からは、現在の炭酸ガスの急激な増大は、これまで維持されてきた生命システムの秩序を破壊し、「秩序ある物質世界」から「無秩序の物質世界」へと導くことになり、ひいては人類社会の崩壊、そして生命システムの崩壊へとつながりかねないのです。

石油の埋蔵量の限界から、代替エネルギーの確保が叫ばれていますが、すでに進められている、原子力、水力、風力、太陽エネルギーなどの利用を高めるべきで、食糧として生産される穀物などからアルコールを介してエネルギーを作り出すことが、生命サイクルの上から整合性があるのか、きちんとした議論が必要です。

## 地球の温暖化

人類は、今とは異なる厳しい寒冷な気象条件を経験し、運良く過酷な条件から逃げだすことができた者が生き残ってきました。人類がアフリカから旅立ったあとも、寒暖の変化は周期的に訪れ、これまでの歴史では、寒冷に耐えることが大きな課題であって、温暖化の時期は人類にとって至福のときであったのです。

しかし、人間のエネルギー消費が、地球の温暖化をもたらしているという警告がなされるようになりました。地球の温暖化は、人間のエネルギー利用によるものではない、あるいは、これまでの人類の長い歴史のうえからは、たいしたことではないと主張する科学者もいますが、原因はともかく、現代においては、「人間が作り変えた地球」の上で、確かに温暖化が進み、生物界全体に危機的状況をもたらそうとしており、それは人間そのものにとっても危機的状況になっているのです。

## 生物多様性と絶滅の危機

人間は、地球上の他の生きものである植物や動物、微生物について、どの程度知っているのでしょうか。最初に体系的な命名を行ったリンネは、約九〇〇〇種を識別したとしています。これまでに博物学的に名前が付けられて、記録に残っている生物種の数は、一四〇万から一八〇万種と推定されています。しかし、現在、地球上のすべての生物種をひとまとめにした目録のようなものはなくて、命名され、記録されている生物種の数は、植物、動物、菌類なども含めて約一五〇万種前後になるだろうと推定されています。命名されていないものも含めると、現存する生物種の本当の総数は、五〇〇〇万種から一二〇〇〇万種という広い範囲にあるほど不確定なのです。

多細胞生物の多様性が爆発的に増加したカンブリア紀以降の、ある生物種の起源から絶滅までの生物種の平均寿命は、化石などから推定すると、通常一〇〇万年～一〇〇〇万年であるといわれています。この数百万年という平均寿命を六億年の長さと比較すると、これまで出現した生物種のうち、約二から四％のみが現存し、残りは絶滅していることになります。

また、現在生息している、およそ一万種の鳥類と哺乳類のうち、少なくとも毎年一種が絶滅するといわれていますが、これによると現在の種の平均寿命は約一万年ということになり、現在の絶滅速度は、過去の絶滅速度と比べて一〇〇倍から一〇〇〇倍も早いことになります。これは生物環境の破壊が進んでいることの証ともいえます。そして、その一部はまぎれもなく、人間が作りだしたものです。

## 人間は「生きものという秩序の世界」の一員

およそ四六億年前に地球が形成されたとき、そこには生気もなく、およそ無機的な空間でしかなかったのです。それは、人工衛星から送られてくる月や火星の映像と同じものでした。それに比べて今の地球上は何と活気にあふれていることでしょうか。この違いはまさに、「物質の無秩序の世界」と「生きものという秩序の世界」の違いによっています。

何度も述べてきたように、「生きものという秩序の世界」に属する物質は、生物の増殖性に依存してこの地球上で循環し、再利用され、成熟した平衡状態で安定にリサイクルされています。それに対して、「物質の無秩序の世界」の属する物質は、このサイクルに入らず、「物質の無秩序の世界」にとどまります。他の生き物と違って、道具を使うことを覚えた人間は、鉄のように地球に分散していた物質を集めて、「インテリジェント・デザイン」をもとに、車や橋や家などの望みの人工物を作りだしました。これを維持するためにはエネルギーが必要で、さらに古くなって破壊するときにも新たなエネルギーが必要です。この繰り返しは、エネルギーの加算が増大してゆきます。

こうして人間が作り出した「物質の無秩序の世界」は、そろそろ人間の手に余るほどのものになりつつあり、ほかの生きものたちに悪影響を及ぼし、環境破壊を起こし始めたのです。石油などのエネルギー源の不足と環境破壊は予想以上に速く進んでいます。「生きものに共通に存在する自然の法則」による二つの原理である「自己保存の原理」と「他者への愛」によれば、「自己保存の原理」を実現するために「他者への愛」を地球全体に与えることが必要な時期にきているといえます。

人間が破壊された地球環境から最新鋭の人工物とともに脱出して、ほかの星へ移住したとして、他の生きものたちと一緒に形成している「生きものという秩序の世界」がなければ、一日も生きられないことに気づくでしょう。つまり、「ノアの方舟」は正解だったのです。

## おわりに

ゴーギャンは、「ここ、私の小舎の近く、静寂のさなかで、私は、自然の芳香に酔いながら、その中にある強烈なハーモニイについて、思いに耽ります。この恍惚は、太古に対して抱く言いしれぬ畏怖の念によって、いっそう高まります。現在私の吸っているこの歓喜の香りは、かってもまたあったのだ。そう言えば、動物達には、彫像のようなきびしさがある。彼らの動作のリズムや、立ち止まった時の姿には、何だかしらないが、古代的な、威厳に満ちた宗教的なものがある。物思わしげな眼差の中には、測りがたい謎を思わせるものがある。

そして、夜がきます。みなものは休息する。私の前に拡がる無限の空間の中にある夢を見るために、—理解するためではない—私は目を閉じます。そして、私は、私の様々な希望が、悲しげに歩んでゆくように感じます」と語ります。

ゴーギャンは野生の森の中で無意識に聞いた「呼び声」を表現しようとしてもがき、結局、意識に翻訳しないかぎり、つまり「言葉」として表現しないかぎり、作品は生まれてこないと知っていたという意味で、野蛮人になろうとしてなれなかった悲劇的な文明人として一生を終わります。

それからおよそ一〇〇年を経たわれわれは、もはや野生の森に帰って生きることもできず、また、そうすることに意味があるわけではないことも知っています。

しかし、現代のわれわれは、自らのゲノムに中に、「野生の森の中で暮らしていた先祖の意欲的で自律的な悟りを持った精神」、それは、「本能と自由な想像力をもった全人格を発揮して固有の生を生きることができ、それゆえに、生きることは健康であり素直であり、死をすべてが受け入れられるものとして許容できる」というような精神が残っていることを大切にして生きてゆくことはできるでしょう。

それこそが、「自然」に選択された生きものとしての「叡智を持つ人間」が、「生命システムの永続性」のために果たさなくてはならない役割であり、宿命でもあるのです。

# あとがき

シュレディンガーは『生命とは何か――物理的にみた生細胞』の冒頭で、「我々は、すべてのものを包括する統一的な知識を求めようとする熱望を先祖代々受け継いできたが、この百年の間に学問は多種多様な分枝をしてますます広がり、これまでの知識を統合して一つの全一的なものにすることができる素材をようやく獲得し始めたものの、一方では、ただ一人の人間の頭脳が、学問全体の中の一つの小さな専門領域以上のものを十分支配することがほとんど不可能になってしまったという奇妙な矛盾に直面するに至った」と述べています。

この書物は一九四四年、まさに生命科学研究の曙の時代に書かれたものですが、現代においても状況は同じか、もっとひどい状態になっています。

本来、ユニバーシティという名を冠した大学はこうした学問の統合とその普及に力を注ぐべきですが、現代の大学では細分化された専門領域が並立していて、文系と理系の間の会話もほとんどままならないのが現状で、かつての「教養」教育もないがしろにされてしまっています。

シュレディンガーは、「この矛盾をきりぬけるには、我々の中の誰かが、諸処の事実や理論を総合する仕事に思い切って手をつけるよりほかに道はなく、たとえばその事実や理論の若干について又聞きで不完全にしか知らなくても、また物笑いの種になる危険を冒しても、そうするよりほかに道が無いと思う」と述べていますが、定年により大学から離れた私は、このような作業に取り組んでみたいという気持ちになり、生命科学研究に基礎を置く人間像、つまり、「生物としての人間」をまとめてみようと考えました。

そして、個々の現象から原理や理論へと向かうこれまでの実証的研究のスタイルとは逆に、「人間像」を描くのに必要な生命科学の研究成果を統合する方向で本書をまとめることにしました。そのために、まず、主として『サイエンス』や『ネイチャー』などの英文科学誌のできるだけ最新の論文を読んで、必要となる情報を集めて整理しました。最新の英文の科学論文は、インターネット上のＰｕｂＭｅｄやＭＥＤＬＩＮＥという医学関係文献データベースから探し出すことができます。多くの場合、要約だけしか見ることができないのですが、執筆者に直接メールで依頼すればＰＤＦの形で送ってくれ、必要があれば意見交換もできます。科学研究は刻々と進歩しますので、ある程度まとめてしまってから、ラミダス原人が現れたり、ヒト化マウスの話がでてきたりして、草稿を変更するということもしばしばありました。研究者としての悪い性癖から、科学的根拠を求めて瑣末なことへと深入りして、つい論文を探す作業に時間をかけてしまいますが、それが理由でもっと重要な論文に当たる幸運もあり、総じて楽しい作業でした。

こうして集めた情報を整理し、これらをもとに平易にまとめてゆくという作業を行いましたが、これは難渋する作業でした。それは、科学的根拠にもとづいた表現をとると理解しにくい文章となり、平易にまとめ直すと科学的根拠が明確でなくなってしまうというジレンマがあるからです。

こうしてまとめあげた本書は、専門外の領域についての不十分な理解のために、「物笑いの種になる危険を冒して」いる部分があるかもしれませんが、統合しようとした努力に免じて読んでいただければありがたいと思います。

このような作業をしていて気がついたことは、「人間像」を意識して「生命科学」研究を見直したとき、われわれが「知りたい」と思っていることと、「知り得たこと」との間には重なりもありますが、かなりの隙間もあり、それは単に知識が不十分な段階にあるというだけでなく、解こうとしてもいない質問が残っているということです。もちろん、解こうにも方法論がないものもありますが、経済社会の発展に資する科学技術政策の側から科学研究の方向性を決めるだけでなく、人間が本来的に望む知識の獲得のために、どんな領域の学問が必要かを再吟味してみることも必要で、これが科学研究の正しい発展につながるものと思います。

最近、米国の大学では、生物学を専門としない文系の学生にも、生物学を必修としている大学が増えてきているようですが、これは、バイオテクノロジー産業や医療などの背景の知識を得るという現実生活上の利益だけでなく、現代の人間観を見直すためにも必要なことだと思われます。

本書は、専門的な科学用語や遺伝子名などはできるだけ使わないようにして、理解しやすいように心がけましたが、早川書房の小都一郎氏には、堅苦しい筆者の文章を、読みやすいものになるよう、読者の立場から導いていただいたことに感謝したいと思います。

最後に、本書がめざした「生物としての人間像」と、これまでの人間像との対話が生まれることを期待しています。

二〇一〇年四月

帯刀益夫

# ハヤカワ新書
# juice

## すべては新書読者へのリスペクトから

私たちは、新書を求める読者というのは「知識への欲求」が旺盛で、「現代への意識と感覚」にあふれる人々であり、時代を担うリーダーないしはその候補者であると考えています。現在、各出版社ではそんな読者の知識欲をいち早く満たすために、1時間程度で軽く読めるものをラインナップの主流に据え、本の作り方においても「語り下ろし」などの手法をとることが多くなりました。その状況自体はひとつの帰結であり、否定することではありません。しかし、実際には著者の思考や体験は本来もっと深く、もっと複雑であるはずで、読者の中にもいまの新書のつくりを物足りなく感じている人々もいることでしょう。早川書房ではこれまで「国内外の良質なエンタテインメントをいち早く読者に届ける」ことを使命として出版活動に取り組み、ノンフィクションの分野でも時代を担う作品を刊行してきましたが、いまあらためて新書の読者に敬意を示し、その知的な渇きを癒す、新鮮で、濃厚な国内外のノンフィクション作品をセレクトし、「ハヤカワ新書juice」として提供します。

## まずは時代の一歩先をゆく海外作品を

いまでは情報網・流通網の発展により、海外で生まれたコンセプトやアイデアはすぐに日本の誰かによって解説・紹介される時代になりましたが、それが生まれた背景や文脈、そこから発する空気感や微妙なニュアンスはしばしば削ぎ落されてしまいます。早川書房では、これまでの翻訳出版のリーディングカンパニーとしての経験を生かして、ハヤカワ新書 juice でもまずは先端的な作品の翻訳出版からスタートします。とくにネットカルチャーやビジネス、サイエンス、エコなどの分野における、海外の動向をいち早くお伝えしたいと思います。

しかしいずれは、創刊のコンセプトを保ちつつ、グローバルな視点と時代性をもつ国内作家の作品も刊行していきたいと考えています。今後のラインナップにご期待ください。

## 新しいスタンダードも
## 手に取りやすいサイズと価格で

これまで早川書房が刊行してきた海外作品には、本国や日本で高い評価をえてベストセラーとなり、その分野のスタンダードとなったものがあります。これらもまた、あらためてお求めやすい価格、手に取りやすいサイズで提供します。もちろん、本国で加筆・修正されて新版が出ているものは、その新版をもとに再編集してお届けします。

## 環境にも配慮した造本

出版社は現状どんなに言いつくろっても、「紙の束を売る商売」であることは否めません。ハヤカワ新書 juice ではその責任を重く受け止め、いまできることとして、本文紙や表紙には環境に適した紙を採用し、製本には環境にやさしいといわれる糊を使用しています。今後も、さらに環境に配慮する方法があれば積極的に試み、取り入れていきます。

## 読みやすい活字の大きさ

新書はサイズが小さいためにページに文字を詰め込みがちですが、ハヤカワ新書 juice では普通の新書より左右が少し大きなサイズを採用し、大きめの活字でゆったりと組むことで、読みやすさを優先しています。これに開きやすいページ製本を採用したことにより、読書中のストレスは大きく軽減されています。

ハヤカワ新書
juice

# われわれはどこから来《き》たのか、われわれは何者《なにもの》か、われわれはどこへ行《い》くのか

生物としての人間の歴史

2010年5月20日　初版印刷
2010年5月25日　初版発行

著者　帯刀益夫《おびなたますお》

発行者　早川　浩
発行所　株式会社早川書房
東京都千代田区神田多町2-2
電話　03-3252-3111（大代表）
振替　00160-3-47799
http://www.hayakawa-online.co.jp

印刷所　三松堂株式会社
製本所　株式会社川島製本所


ISBN978-4-15-320013-5　C0245

# エコを選ぶ力

## ——賢い消費者と透明な社会

ダニエル・ゴールマン／酒井泰介訳

「エコ」をブームで終わらせないための必読書！

いわゆる「環境に優しい」商品の多くは、実はわずかな改良を大げさに謳ったもの。本当のエコ商品が作られるには、生産から廃棄までの過程全体がもたらす負荷についての情報が、正しく消費者に伝わることが肝心だ。ではどうやって？『EQ　こころの知能指数』で人生に必要な知性《インテリジェンス》を看破した著者による、瞠目のエコロジカル・インテリジェンス指南

008

# ライフログのすすめ
## ――人生の「すべて」をデジタルに記録する！

ゴードン・ベル＆ジム・ゲメル／飯泉恵美子訳

始めるならいましかない！　序文：ビル・ゲイツ

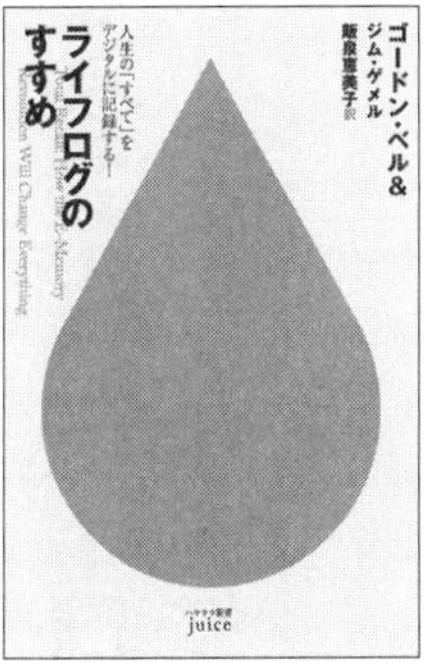


自分が見聞きしたもの、GPSの位置情報、生体情報までのすべてをデジタルに記録することで、仕事の超効率化といったこと以外にも、想像を超える恩恵が得られるようになる。いいことずくめのライフログの時代にようこそ！　みずから「人生の完全記録」を試みるコンピューター科学の重鎮が、その基本概念と可能性、実践法までを情熱を込めて語り尽くす。

010